中学生にもわかる
放射線・放射能と原子力発電

安 東 醇 著

発行―通商産業研究社

は じ め に

　福島第一原発事故（2011年3月11日）の後、連日、シーベルト、ベクレル、放射性セシウム等が報道されている時に、自宅近くの短期大学栄養学科の学生に、1コマ（90分）放射線関係の講義をする機会がありました。
　そこで使用した資料に加筆して2013年末に(株)通商産業研究社から"放射線の世界へようこそ － 福島第一原発事故も含めて －"という小冊子を出版いたしました。私は一般市民の方に理解していただけるものと思って書きましたが、あまり科学に関心のなかった方には理解しにくい内容であることがわかりました。
　そこで、科学的な厳密さは多少犠牲にしても、わかりやすさを重視して上記の本を全面的に書き直しました。"中学生にもわかる放射線・放射能と原子力発電"という書名とし、第一部　放射線（第1章　放射線の発見、第2章　放射線の利用、第3章　放射線関係の単位と放射線測定器）、第二部　放射能（第4章　放射能の発見、第5章　放射性元素の利用）、第三部　放射線の生体への影響と環境放射線（第6章　放射線の生体への影響、第7章　避けたい放射線、放射能）、第四部　原子力発電（第8章　原子核分裂の発見、第9章　原子力発電、第10章　福島第一原発事故）として記述しました。読者に内容が直感的に伝わるように、まず要点を図で示し、それについて説明する形式をとりました。1つの項目を1ページに記述するようにもしました。そのページに記述しきれない場合は第10章の後の"付録"にページを設けて説明を加えました。各章の終わりに一目でわかるように要点を1ページにまとめる試みもしました。このように1ページに1項目を記述していますので、目次を見ていただいて興味のある項目のところを読んでいただくのもよいかと思います。原稿を何人もの友人に読んでもら

　　　　　　　　　は　じ　め　に

い、わかりにくい点や言葉足らずの箇所を指摘してもらい、改めました。放射線、放射能、原子力発電および核廃棄物に興味を持っていただける方が誰でも理解できるように、非常にわかりやすく説明を加えたつもりです。このような訳で、多くの図を使用しておりますが、これらの図はいろいろな著作物から探して使用させていただきました。図の使用を快く許可してくださった著者の方々および出版社に感謝いたします。

　この本を読んでくださる方の放射線・放射能、原子力発電および核廃棄物に対する理解にお役に立てれば幸いです。

　執筆に当たり、協力してくれた妻の安東逸子に感謝します。

　出版に当たり、(株)通商産業研究社社長の八木原誓一氏には大変お世話になりました。ここに記して謝意を表します。

　2019年1月

　　　　　　　　　　　　　　　　　　　　　　安　東　　醇

目　　次

序章　身の回りにある放射線··11
　　家庭内の放射線···13
　　医療を支える放射線··14
　　現代の生活を支える放射線···15
　　自然界の放射線···16

第一部　放射線··17
第1章　放射線の発見··19
　　レントゲン博士とベルタ夫人······································21
　　ベルタ・レントゲンの手のX線写真(レントゲン写真)·············22
　　エックス線（レントゲン線）は光や電波の仲間····················23
　　電磁波の波長による分類···24
　　放射線と放射能のちがいは何ですか·······························25
　　原子と原子核··26
　　いろいろな放射線··27
　　放射線の種類と透過力···28
　　エックス線はなぜ遠くまで到達するか·····························29
　　分子と原子···30
　　放射線は物質を傷つける！··31
　　第1章のまとめ···32

第2章　放射線の利用··33
　　放射線は役に立つか？···35

目　　次

　エックス線像・・36
　高エネルギーX線による体外照射・・・・・・・・・・・・・・・・・・・・・・・・・・・・37
　強度変調放射線治療（IMRT）・・・・・・・・・・・・・・・・・・・・・・・・・・・・・38
　陽子線によるがん治療・・・・・・・・・・・・・・・・・・・・・・・・・・・・・・・・・・・・39
　ホウ素中性子捕捉療法・・・・・・・・・・・・・・・・・・・・・・・・・・・・・・・・・・・・40
　前立腺がんの小線源療法・・・・・・・・・・・・・・・・・・・・・・・・・・・・・・・・・・41
　じゃがいもの発芽防止や滅菌・・・・・・・・・・・・・・・・・・・・・・・・・・・・・・42
　第2章のまとめ・・43

第3章　放射線関係の単位と放射線測定器・・・・・・・・・・・・・・・・・・・・・45
　放射線関係で使用される主な単位（1）・・・・・・・・・・・・・・・・・・・・・47
　放射線関係で使用される主な単位（2）・・・・・・・・・・・・・・・・・・・・・48
　放射線測定器　Ⅰ　　サーベイメータ・・・・・・・・・・・・・・・・・・・・・・・49
　放射線測定器　Ⅱ　　個人被ばく線量計・・・・・・・・・・・・・・・・・・・・・50
　放射線測定器　Ⅲ　　全身カウンタ・・・・・・・・・・・・・・・・・・・・・・・・・51
　放射線測定器　Ⅳ　　食品放射能測定モニタ・・・・・・・・・・・・・・・・・52
　第3章のまとめ・・53

第二部　放射能・・55
第4章　放射能の発見・・・・・・・・・・・・・・・・・・・・・・・・・・・・・・・・・・・・・・57
　放射能の発見者たち・・・・・・・・・・・・・・・・・・・・・・・・・・・・・・・・・・・・・59
　"ベクレル線"で感光した最初の乾版・・・・・・・・・・・・・・・・・・・・・・・60
　天然に存在する元素・・・・・・・・・・・・・・・・・・・・・・・・・・・・・・・・・・・・・61
　放射性元素はなぜ放射線を放出するか？・・・・・・・・・・・・・・・・・・・・62
　物理的半減期・・・63
　放射線のエネルギーと化学結合のエネルギーの比較・・・・・・・・・・・64
　第4章のまとめ・・65

目　　次

第5章　放射性元素の利用・・・・・・・・・・・・・・・・・・・・・・・・・・・・・・・・・・・67
　骨シンチグラフィ・・・69
　^{18}F－FDGのPET画像・・・・・・・・・・・・・・・・・・・・・・・・・・・・・・・・70
　脳への^{18}F－FDGの取り込み・・・・・・・・・・・・・・・・・・・・・・・・・・・71
　バセドウ病の治療・・72
　抗悪性腫瘍剤　塩化ラジウム（Ra－223）・・・・・・・・・・・・・・・73
　^{14}Cによる年代測定・・・・・・・・・・・・・・・・・・・・・・・・・・・・・・・・・・・・・74
　第5章のまとめ・・75

第三部　放射線の生体への影響と環境放射線・・・・・・・・・・・・・・・77
第6章　放射線の生体への影響・・・・・・・・・・・・・・・・・・・・・・・・・・・・79
　放射線は危険か？・・・・・・・・・・・・・・・・・・・・・・・・・・・・・・・・・・・・・・・81
　動物の種の違いによる放射線（X線）感受性の差・・・・・・・・・・・82
　放射線障害とは・・83
　細胞とDNA・・84
　放射線によるDNAの単鎖および二重鎖切断・・・・・・・・・・・・・・・85
　DNAは修復される？・・・・・・・・・・・・・・・・・・・・・・・・・・・・・・・・・・・86
　被ばくと発がん・・87
　臓器・組織の放射線感受性・・・・・・・・・・・・・・・・・・・・・・・・・・・・・・88
　胎児への放射線の影響・・・・・・・・・・・・・・・・・・・・・・・・・・・・・・・・・89
　第6章のまとめ・・90

第7章　避けたい放射線、放射能・・・・・・・・・・・・・・・・・・・・・・・・・・91
　放射線障害の歴史・・・・・・・・・・・・・・・・・・・・・・・・・・・・・・・・・・・・・93
　放射線による利益と損失・・・・・・・・・・・・・・・・・・・・・・・・・・・・・・・94
　自然にある放射線・・・・・・・・・・・・・・・・・・・・・・・・・・・・・・・・・・・・・95
　食物中の放射性カリウムと体内の放射性物質・・・・・・・・・・・・・・96

目　　次

　室内のラドン濃度の変化・・97
　日本と世界の1年間の被ばく線量・・・・・・・・・・・・・・・・・・・・・・・・・・・・・・・・98
　身の回りの放射線による被ばく・・・・・・・・・・・・・・・・・・・・・・・・・・・・・・・・・99
　第7章のまとめ・・100

第四部　原子力発電・・・101
第8章　原子核分裂の発見・・・・・・・・・・・・・・・・・・・・・・・・・・・・・・・・・・・・・・103
　原子核分裂の発見者・・・105
　原子核の内をのぞいて見る（1）水素の原子核・・・・・・・・・・・・・・・・・106
　原子核の内をのぞいて見る（2）ウランの原子核・・・・・・・・・・・・・・・107
　ウラン-235の核分裂・・・・・・・・・・・・・・・・・・・・・・・・・・・・・・・・・・・・・・108
　いかに核エネルギーが大きいか・・・・・・・・・・・・・・・・・・・・・・・・・・・・・・109
　原子炉とは・・110
　第8章のまとめ・・111

第9章　原子力発電・・・113
　原子力発電・・115
　原子力発電所・・116
　ウラン燃料の種類・・・117
　プルトニウムができる・・・・・・・・・・・・・・・・・・・・・・・・・・・・・・・・・・・・・118
　原子力発電所で使用されるウランの量・・・・・・・・・・・・・・・・・・・・・・・119
　原子炉の内部で生じる主な放射性物質の種類・・・・・・・・・・・・・・・・・120
　日本の原子力発電・・・121
　原発は安くない・・・122
　使用済み核燃料はどれだけあるか・・・・・・・・・・・・・・・・・・・・・・・・・・・123
　使用済み核燃料の処理・・・・・・・・・・・・・・・・・・・・・・・・・・・・・・・・・・・・・124
　低レベル放射性廃棄物の処理・・・・・・・・・・・・・・・・・・・・・・・・・・・・・・・125

目　次

高レベル放射性廃棄物の処理・・・・・・・・・・・・・・・・・・・・・・・・・・・・・・・・・・126
放射性廃棄物の処分イメージ・・・・・・・・・・・・・・・・・・・・・・・・・・・・・・127
高レベル放射性廃棄物処分場イメージ・・・・・・・・・・・・・・・・・・・・・128
第9章のまとめ・・・129

第10章　福島第一原発事故・・・・・・・・・・・・・・・・・・・・・・・・・・・・・・・131

原子炉の事故を抑える3つのステップ・・・・・・・・・・・・・・・・・・・・・133
原子炉では水がなければ・・・・・・・・・・・・・・・・・・・・・・・・・・・・・・・・・・134
東電福島第一原発の被害の状況・・・・・・・・・・・・・・・・・・・・・・・・・・・・135
福島第一原発事故で放出された主な核種・・・・・・・・・・・・・・・・・・・136
原爆470発分の放射能が大気中に・・・・・・・・・・・・・・・・・・・・・・・・・137
ヨウ素剤をなぜ配布するか・・・・・・・・・・・・・・・・・・・・・・・・・・・・・・・・138
放射性セシウムと放射性ストロンチウムの臓器への取り込み・・・139
食物連鎖と生物濃縮・・・・・・・・・・・・・・・・・・・・・・・・・・・・・・・・・・・・・・140
放射性セシウムの新基準・・・・・・・・・・・・・・・・・・・・・・・・・・・・・・・・・・141
航空機モニタリングによるCs－137とCs－134の積算沈着・・・・・・142
福島県の土壌中の放射性セシウムの分布・・・・・・・・・・・・・・・・・・・143
杉林における放射性セシウムの部位別割合・・・・・・・・・・・・・・・・・144
原子力発電に替わるもの・・・・・・・・・・・・・・・・・・・・・・・・・・・・・・・・・・145
第10章のまとめ・・・146

付　　　録・・147

原子の電子配置モデル・・・・・・・・・・・・・・・・・・・・・・・・・・・・・・・・・・・・149
ホウ素中性子捕捉療法の特徴・・・・・・・・・・・・・・・・・・・・・・・・・・・・・・150
同位元素の表現方法・・・・・・・・・・・・・・・・・・・・・・・・・・・・・・・・・・・・・・151
宇宙線と宇宙線の高度変化・・・・・・・・・・・・・・・・・・・・・・・・・・・・・・・・152
放射性ストロンチウムの人への影響・・・・・・・・・・・・・・・・・・・・・・・・153

目　　次

雲母への放射性セシウムの吸着‥‥‥‥‥‥‥‥‥‥‥‥‥‥154

おわりに‥‥‥‥‥‥‥‥‥‥‥‥‥‥‥‥‥‥‥‥‥‥‥‥‥155
結　語‥‥‥‥‥‥‥‥‥‥‥‥‥‥‥‥‥‥‥‥‥‥‥‥‥‥157

索　引‥‥‥‥‥‥‥‥‥‥‥‥‥‥‥‥‥‥‥‥‥‥‥‥‥‥161

序章　身の回りにある放射線

序章　身の回りにある放射線

家庭内の放射線

夜光塗料

放射性カリウム

ラドン

体内の放射性物質（放射性カリウム、放射性炭素 など）

　3.11福島第一原発事故（2011年）の直後は、テレビや新聞では連日**シーベルト**や**ベクレル**が報道されていました。

　その事故の前は、この言葉をご存知の方は少なかったと思いますが、今では普通に使われるありふれた言葉になってしまいました。

　しかしながら、ずっと以前から私たちの身のまわりにはいろいろな放射線や放射能（放射性物質）があり、これらと永久に付き合わなければならないのです。

　朝、目覚まし時計で目が覚めます。目覚まし時計の時刻を示す文字や針が暗所で見えるのは放射性元素を含む**蛍光塗料**があるからです（P.22参照）。

　締め切った室内には**ラドン**や**トロン**という放射性ガスが増加しています。呼吸によって吸入しないように、窓やトビラを開けて空気を入れ換えラドンやトロンを減らす必要があります（P.97参照）。

　カリウムは動植物にとって必須元素です。カリウムは太古から放射性カリウムを含んでおり、このカリウムを避けることはできません。私たちが食べる**食品**には**放射性カリウム**が含まれており、そのため**体の中**には**放射性カリウム**などの放射性元素が取り込まれ、これらの放射性元素は常に放射線を放出しています（P.96参照）。

　このように家庭内でもいろいろな放射線や放射能があるのです。

序章　身の回りにある放射線

医療を支える放射線

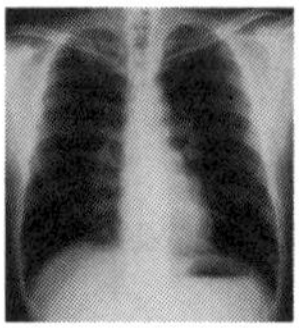

レントゲン撮影

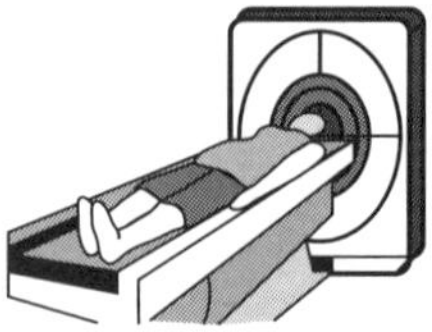

エックス線ＣＴ

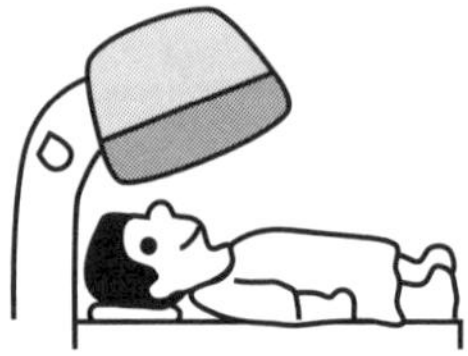

がんの放射線治療

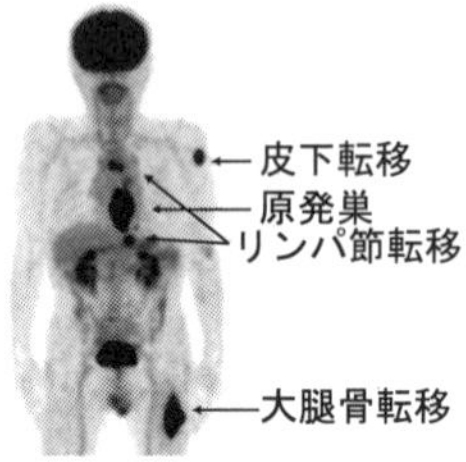

がんのPET検査
→皮下転移
→原発巣
→リンパ節転移
→大腿骨転移

　病気の診断と治療では放射線や放射性元素はなくてはならないものです。
　放射線が最も多く使用されているのが**レントゲン撮影**で、胸部やいろいろな部位の撮影が行われています。病院、診療所での撮影はもちろん、集団検診でも多くの人が自身の健康保持に恩恵を受けています。更に詳細に撮影するために、**Ｘ線ＣＴ**は必須のものとなりました（P.36 参照）。
　がんの治療においても手術、化学療法と同様に**放射線治療**が非常に重要な治療法となりました。高エネルギーエックス線はもちろん、陽子線や放射性物質もがんの治療には欠かせないものになりました（P.35～41, 72, 73 参照）。
　さらに、がんの**PET**（ペット）**検査**が行われるようになりました。この検査方法は、がんがある部位を画像で明瞭に描き出し、しかも患者には苦痛を与えない優れた方法です（P.70 参照）。
　病気の診断や治療には、この他にもいろいろな場面で放射線は使用されており、私たちの健康を守るためにはなくてはならないものです。

序章　身の回りにある放射線

現代の生活を支える放射線

品種改良

強化タイヤ

食品の保存

アイソトープ電池

　植物に放射線をあてて**品種改良**を行います。農業では多収穫、気候風土に対する適応性、病害虫に対する抵抗性を強めるために行うこともあります。このようにして作られた稲にフジミノリ、アキヒカリなどがあります。ダイズではライデンという品種も作られました。園芸植物では珍しい色のカーネーションや菊が作られたり、ミニサイズの花や病気に強い花も作られました。これらは放射線により突然変異が起こるためです。
　品種改良よりもさらに多くの線量を食品に照射して、**食品の保存**が行われています。わが国ではじゃがいもにコバルト−60のガンマ線を照射して発芽を抑えています（P.42参照）。外国では香辛料、肉類や冷凍魚介類などで行っています。
　放射線照射による架橋反応（直線状の高分子の分子間を化学結合させる反応）は自動車のタイヤ製造に最も大規模に利用されています。タイヤはゴムや布などを複数の材料を貼り合わせて作られますが、最終工程でゴムに加硫（生ゴムに硫黄を含ませて加熱し、目的に応じた弾性を持つゴムを作る操作）が行われます。その際ゴムシートなどのゴムにあらかじめ電子線を照射し、高品質なタイヤを製造しています。こうして作られたのが**強化タイヤ**です。
　放射性同位元素（ラジオアイソトープ）を使った電池を**アイソトープ電池**といいます。ラジオアイソトープから放出される放射線を熱に変えて、熱電素子により外部との温度差で起電力を起こさせるのです。アポロ12号が月面に着陸し、プルトニウム−238で出来たアイソトープ電池で月に設置した地震計を数年間にわたって作動させました。以前には心臓ペースメーカの電源としても使用されました。

序章　身の回りにある放射線

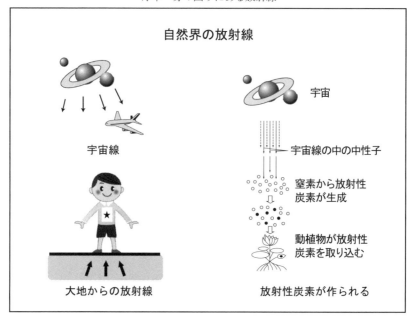

　大地にはウランやカリウムが含まれており、それらから放射線が放出されています。日本の国土は地方によって岩石や土壌の状態が異なるので、放射線の量も地方によってやや違いますが、いつも大地からの放射線を受けています。
　また私たちは常に空から宇宙線を浴びています。この宇宙線は地上に到達するまでには空気で遮断されてかなり弱くなっていますが、高度が上がれば強くなり、ジェット機で高空を飛行する際、地上より150倍ぐらい強い宇宙線の中を飛んでいるのです（P.95，152参照）。
　宇宙線の中の中性子は空気中の窒素を放射性の炭素に変える作用をしています。そのため私たちの周辺の炭素には常に放射性炭素が含まれており、動植物の体内にもこの炭素が取り込まれています。この放射性炭素の性質を利用して、埋蔵文化財の木片が伐採された時期を知ることができます（P.74参照）。
　自然界の放射線ではありませんが、1940年代、50年代に大気中で原水爆実験が行われたときには、空気に運ばれた放射能が日本にも降ってきました。旧ソ連のチェルノブイリ原発事故（1986年）の時も同様でした。
　3.11福島第一原発事故（2011年）の際には、かなりの量の放射性セシウムや放射性ヨウ素が東北地方に降り注ぎました。
　このように身のまわりを見ただけでも多くの場面で、放射線や放射能に出くわします。これらは私たちに役立つこともありますが、害になることもあるのです。
　次に放射線、放射能と原子力発電をわかりやすく解説していきます。

第一部　放 射 線

第1章 放射線の発見

1896年1年23日　レントゲン博士のヴィルツブルグ物理医学協会での講演風景
　　　　　　　X線の発見者　W.C.レントゲン　〜その栄光と影〜
　　　　　　　山﨑岐男著　出版サポート大樹舎　2014年発行より

第1章　放射線の発見

レントゲン博士とベルタ夫人

ギーセン時代のベルタ夫人　　同時代のレントゲン教授

1895年（明治28年）11月8日　エックス線発見

X線の発見者 レントゲンの生涯：W R Nitske 著　山崎岐男 訳
考古堂書店 1989年発行より

レントゲン博士

Wilhelm Conrad Röntgen（1845年～1923年）

　病院でエックス線写真（レントゲン写真）を撮ってもらうことがあります。このエックス線（レントゲン線とも言います）を発見したのがドイツの物理学者レントゲン博士です。

　レントゲン博士がヴィルツブルグ大学教授であった時に、物理学実験室で真空管の一種であるクルックス管と呼ばれる装置に電流を流して、陰極線を研究していました。この時、離れたところにあったスクリーンが発光することに気付いたのです。クルックス管を黒い紙で覆ってもスクリーンは発光しました。これは**スクリーンに塗られた蛍光物質（白金シアン化バリウム）から光（蛍光 P.22 参照）が出ていた**からです。クルックス管から発生し、黒い紙も通り抜ける不思議な光線のようなものを**エックス（X）線**（数学で未知数をXとするのと同じ）と名付けました。1895年11月8日、金曜日の夜のことでした。

　レントゲン博士は1901年最初のノーベル物理学賞を受賞しました。

　写真はエックス線を発見する前のギーセン大学物理学教授時代のものです。

第1章　放射線の発見

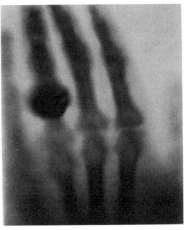

ベルタ・レントゲンの手のX線写真（レントゲン写真）

1895年12月22日に撮られた

X線の発見者 レントゲンの生涯：W R Nitske 著　山崎岐男 訳
考古堂書店 1989年発行より

　ベルタ夫人の手に大きな指輪が写っています。
　エックス線は光と同じように感光作用があり、写真乾板や写真フィルムを黒化させます。**エックス線は、筋肉を透過しやすいので写真では黒く、骨や指輪を透過しにくいので白く写ります。**この写真は、その白黒を反転させたものです。

前ページの蛍光の説明：エックス線（その他の放射線も同様です）は人の目には見えません。白金シアン化バリウムのような蛍光物質がエックス線などの放射線に照射されると、**蛍光物質が放射線のエネルギーを吸収し、このエネルギーが蛍光物質の中で、人の目に見える光（蛍光*）に変換されて放出されます。**夜光時計の針が暗がりでも見えるのは、針から光（蛍光）が出ているからです。針には硫化亜鉛のような蛍光物質とストロンチウム－90やトリチウム（これらはベータ線を放出します）を混合した物を塗布しています。蛍光物質がベータ線のエネルギーを吸収し、光として放出するので我々の目に見えるのです。古くはストロンチウム－90やトリチウムの代わりにラジウムが使用されていました（P.93 参照）。
　＊放射線のエネルギーが蛍光物質に吸収されて、可視光線に変換されたものが蛍光です。

第1章　放射線の発見

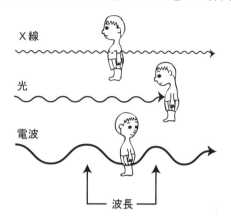

エックス線（レントゲン線）は光や電波の仲間

X線
光
電波
波長

電磁波とはなにか：後藤尚久　著　講談社ブルーバックス
2008年発行より改変

　エックス線（レントゲン線）、光、電波はともに電磁波という波で同じ仲間です。エックス線、光、電波はともに真空中では1秒間に30万キロメートルの速さで進行します。**波長**（山から山までの長さ）はこの三者では、エックス線が一番短く、電波が最も長いのです。**波長の短い方がエネルギーが大きい**のです。エックス線はエネルギーが非常に大きいので**人体を透過**します。そのためエックス線写真（レントゲン写真）が撮れます。

　しかし、エックス線はこのようにエネルギーが非常に大きいので**原子や分子を傷つける**（P.29、31参照）性質があります。光はエネルギーが小さいので、分子や原子を傷つけることはありませんし、人体を透過できません。

　電磁波は上の図のように振動します。1秒間に振動する回数を振動数または周波数と言います。周波数の単位はヘルツ（記号では Hz）で表わし、1秒間に10回振動する場合は10ヘルツです。周波数の単位であるヘルツ（Hz）はドイツの物理学者ヘルツ（H.R.Hertz）にちなんで付けられました。

　エックス線はエネルギーが非常に大きく、そのため透過力が非常に強いこと、および原子や分子を傷つけることが光や電波と大きく異なる点です。

第1章　放射線の発見

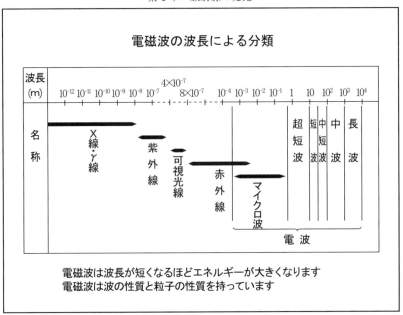

　エックス線と電磁波について、もう少し詳しく説明します。
　エックス線（X線）、ガンマ線（γ線）はラジオやテレビの電波、赤外線、可視光線、紫外線などと共に電磁波の仲間です。これらは光の速度でエネルギーを伝える波の一種です。波長が短い方がエネルギーが大きいのですが、これらのなかでエックス線やガンマ線は非常にエネルギーが大きい（波長が非常に短い）のが特徴です。
　電磁波は不思議なことに、**波の性質と粒子の性質の両方の性質を持っていま**すが、波長が短くなるほど粒子としての性質を強く表わすようになります。電磁波を粒子の流れと見たとき、これを**光子**（こうし）と言います。波長が短いほど、光子のエネルギーは大きくなります。
　エックス線とガンマ線は同じ性質を持つ電磁波ですが、発生の仕方が違います。エックス線写真（レントゲン写真）を撮ったり、がんの治療に使用する**エックス線は使用時にエックス線発生装置で発生させます。ガンマ線は原子核から自然に放出されたものです。**
　蛇足ですが、上の図で　$10^3=10\times10\times10$、$10^{-3}=10$分の1×10分の1×10分の1を意味します。

第1章　放射線の発見

放射線と放射能のちがいは何ですか

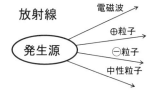

放射線発生源から放射線が放射されている
（ピストルから弾丸が発射されている）

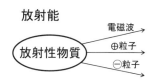

放射性物質から自発的に放射線が放射されている

放射線

　放射線と呼ばれるのは、電磁波のなかでは前ページで述べましたが、**エックス線**と**ガンマ線**です。プラス電気を帯びている放射線（図では⊕粒子）には**アルファ線**と**ベータプラス線**があり、マイナス電気を帯びている放射線（図では⊖粒子）には**ベータマイナス線**があります。

　放射線発生源をピストルに例えれば放射線は弾丸に例えられます。前ページで述べましたが、エックス線は、普通はレントゲン装置のようなエックス線発生装置で発生させます。

　ガンマ線、アルファ線、ベータプラス、ベータマイナス線は放射性元素が発生源で、そこから自発的に放出（放射）されます。

　中性粒子の放射線には**中性子線**があります。中性子線は原子核分裂の際や中性子発生装置で発生させます。

放射能

　もともとは**放射線を自発的に放出（放射）する性質（または能力）**のことを放射能といいました。しかし、現在では**放射性物質（放射能をもった物質）**の意味で使われるのが一般的になりました。

　放射線についてはP.27から、放射能（放射性物質）についてはP.57から詳しく説明して行きます。

第 1 章　放射線の発見

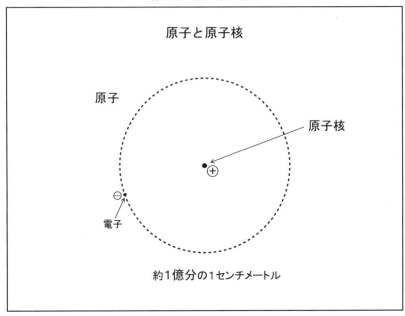

　ここで原子について簡単に説明します。原子にも大小がありますが、**大きさは約 1 億分の 1 センチメートル**です。原子の中央に原子核がありプラスに帯電しています。その大きさは原子の直径の約 10 万分の 1 です。原子を甲子園球場に例えれば、原子核はその真ん中にあるパチンコ玉ぐらいです。**原子の質量（重さ）は 9 9．9 パーセント以上が原子核の内**にあります。外側の円（軌道）には電子があり、マイナスに帯電しています。水素のように小さい原子は円（軌道）は 1 つですが、原子力発電などに使用されるウランは大きな原子なので、原子核の外側に電子の軌道が 7 つもあり、電子の数は 92 個になります（詳しくは P.149 参照）。原子核のプラス電荷数と軌道上のマイナス電荷数は等しいので原子全体としては電気的に中性です。原子に放射線が衝突すると、放射線のエネルギーを軌道（上の）電子に与え、**電子を軌道からたたき出します**（電離といいます P.29 参照）。マイナスの電気を持つ電子が原子を離れるので、原子はプラスに帯電するようになります。

　放射線が物質を傷つけたり、生体に障害を与えるのは、この電離（作用）によるものです。

第1章　放射線の発見

```
           いろいろな放射線


      エックス線　（X線）
      アルファ線　（α線）
      ベータ線　　（β線）
      ガンマ線　　（γ線）
      中性子線
      陽子線
      - - - - - - - -

      - - - - - - - -
```

　いろいろな放射線を示しましたが、私たちに一番関係の深いのはエックス線です。エックス線は使用時にエックス線発生装置で発生させます。**アルファ線（α線）、ベータ線（β線）、ガンマ線（γ線）は原子核**（P.26参照）**から自然に放出されたものです。中性子線は原子核分裂**（P.108参照）**の時に放出されます**。中性子線発生装置でも発生させることができます。陽子線は陽子が大きなエネルギーを与えられて高速で飛行する粒子です（P.39参照）。前述のように、エックス線、ガンマ線は電磁波です。アルファ線はプラスの電気を持った粒子、ベータ線はマイナスの電気をもった非常に小さい粒子（プラスの電気を持ったベータ線もありますが、ここでは省略します）、中性子線は電気的に中性な粒子（次ページの図参照）、陽子線はプラスの電気を持った粒子であり、いずれも非常に大きなエネルギーをもって飛行しているのです。これらの他にも放射線はありますが省略しました。

　これらの放射線は原子や分子を傷つける（電離させる）ので、**"電離放射線"** といいます。この点が光や電波と大きく異なる点です。

第1章　放射線の発見

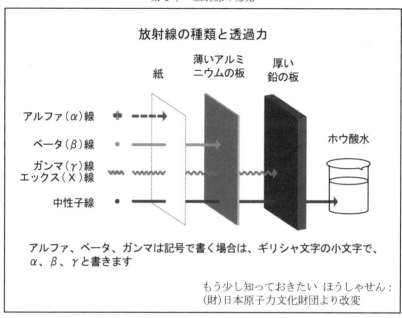

放射線はその種類によって物質を透過（通り抜け）する力が違います。

アルファ線は**紙1枚**で遮へいできます。その理由は質量（重さ）が水素原子の4倍もあり、プラスに帯電しているので、遮へい物に衝突すると、急激にエネルギーを失うからです（P.29参照）。

ベータ線はマイナスに帯電した非常に軽い粒子で、エネルギーの小さいものから大きいものまで、種々のエネルギーのものがあります。

エネルギーの小さいベータ線は紙1枚でも遮へい出来ますが、エネルギーの大きいベータ線の遮へいには**薄い金属板**が必要です。

エックス線やガンマ線は種々のエネルギーのものがありますが、何れも透過力が強く、十分遮へいするためには**厚い鉛板**が必要です。

エックス線やガンマ線は遮へい物中を透過する際に、エネルギーの損失が少なく、そのため遠くまで到達します（P.29参照）。

中性子線は、水素原子とほぼ同じ質量（重さ）で、電気的に中性の粒子が飛行しているもので、鉛板や厚い鉄板も透過します。しかし、水素のように軽い元素を含む**水**と衝突すると急速にエネルギーを失います。ホウ素には吸収されます。

第1章　放射線の発見

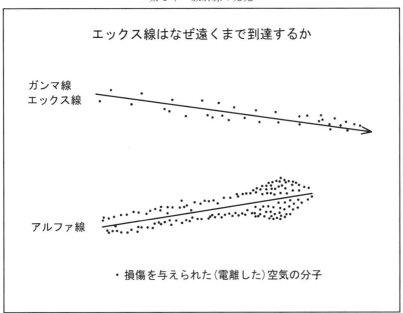

　図はエックス線またはガンマ線、アルファ線が空気中を飛行した際に空気の**分子**が損傷を受けた（**電離**した）様子を模式的に表現しています。
　エックス線やアルファ線が空気の**分子に損傷を与える**（**軌道から電子をたたき出す－電離**させる）ことは、これらの放射線の持つエネルギーを電子に与えて電離させるのですから、**そのさい放射線はエネルギーを失います**。これを繰り返し、エネルギーが無くなれば、これら放射線は消滅します。アルファ線に比べてエックス線では電離が非常にまばらに起こっています。そのため、エネルギーを失って消滅するまでには長い距離を飛行することになります。ガンマ線も同様です。アルファ線では電離が密に生じるので、エネルギーの損失が大きいのです。飛行の終わりには電離が非常に密に起こり、エネルギーの損失が非常に大きくなります。そのため飛行距離は非常に短くなります。
　ベータ線はエックス線とアルファ線の中間の性質を示します。これらの放射線は水中でも、生体内でも同様な傾向を示します。

第1章　放射線の発見

分子と原子

化合物の最小単位 -------- 分子

分子をさらに分割すると ---- 原子

　　水素(H)

　　酸素(O)

水分子

OとHは軌道電子で結合

O−Hの結合エネルギー ---- 4.8 eV

　水、エチルアルコール、砂糖のように、私たちの身の回りには無数の物質があり、これらは水分子、エチルアルコール分子、砂糖分子のような分子が沢山集まってできています。そこで水を例にして、分子と原子の関係を簡単に説明します。

　コップ一杯の水を2つに分け、これを何回も繰り返していけば、1つの水の粒子になると考えられ、これが水の分子です。このように分子はその物質の最小の粒子です。

　水分子はH_2Oで表すように、酸素原子に水素原子が2個結合してできています。水分子をさらに分解すれば原子（P.26参照）になります。原子がいくつか結合すれば、分子ができます。我々の身の回りには原子がいくつか結合することで無数の化合物ができています。

　水素原子と酸素原子の一番外側の軌道*の電子が結合して水分子ができます。

　このO−Hの結合エネルギーは4.8 eV（エレクトロンボルト）です。C−H、C−C、N−Hの結合エネルギーも数eVです（P.64参照）。これに比べ放射線のエネルギーは10万eV〜1000万eV（P.64参照）とけた違いに大きいのです。

　エレクトロンボルト（eV）は放射線の領域でよく使用されるエネルギーの単位です。

　1 eVは約$3.8×10^{-20}$カロリー（cal）です。

　＊水素原子は電子の軌道が1つですが、リチウムより大きい元素ではこの軌道が2つ以上あります（P.149参照）。

第1章　放射線の発見

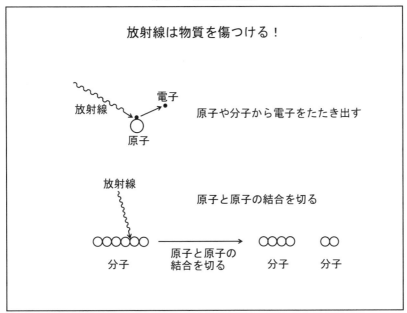

　我々の体が大量の放射線に被ばくすると障害を受けます。それは体を構成している物質（DNAなど）が傷つけられるからです。この物質が傷つけられることについて考えてみます。
　物質は原子が集合したり、原子がいくつも結合して分子となっている場合があります。原子に放射線を照射すると、原子から電子が飛び出してきます（電離と言います）（P.29 参照）。すなわち放射線が原子を傷つけたのです。光を原子に照射しても電子は飛び出しません。光はエネルギーが小さいので、電子をたたき出せないのです。しかしエックス線などの放射線はエネルギーが大きいので、電子をたたき出せるのです。
　分子に放射線を照射した場合は原子と原子の結合を切断することがあります。分子を構成する原子から電子が飛び出してくる場合もあります。
　このように放射線の持っている大きなエネルギー（P.64 参照）が原子や分子を傷つけます。言いかえれば放射線の持っているエネルギーを原子や分子に与えて傷つけるのですから、放射線は自身の持っているエネルギーをだんだん失ってついには消滅します。
　放射線が物質を傷つけるとは、原子や分子から電子をたたき出したり、原子と原子の結合を切断することです。このために、放射線は自身の持つエネルギーを消費して行き、エネルギーが無くなれば放射線は消滅します。

第1章 放射線の発見

第1章のまとめ

エックス線 -------- レントゲン博士により、1895年に発見

放射線（電離放射線）-------- エックス線、アルファ線、ベータ線、
　　　　　　　　　　　　　　　ガンマ線、中性子線、陽子線　等

エックス線、ガンマ線 -------- 電磁波（波長が短いほどエネルギーが
　　　　　　　　　　　　　　　大きい）

アルファ線、ベータ線、陽子線 -------- 荷電粒子線

エックス線 -------- エックス線発生装置で発生

アルファ線、ベータ線、ガンマ線 -------- 原子核から放射

中性子線 -------- 中性の粒子で、主に原子核分裂の際に発生

原子 -------- 中心に⊕に帯電した原子核、外の軌道に⊖に帯電した電子

原子と原子の結合 -------- 軌道電子で結合、そのエネルギーは数eV

放射線は原子を電離させたり、原子間の結合を切断

　エックス線はレントゲン博士により1895年に発見されました。その後、アルファ線、ベータ線、ガンマ線、中性子線、陽子線等が発見されました。これらは電離作用（原子から電子をたたき出す）があるので電離放射線といいます。

　電磁波は波長が短くなるほどエネルギーが大きくなります。エックス線とガンマ線は電磁波の仲間です。アルファ線、ベータ線、陽子線は荷電（電荷を帯びている）粒子線です。

　エックス線はエックス線発生装置で発生させます。

　アルファ線、ベータ線、ガンマ線は原子核から放射されます。

　中性子線は電気的に中性であり、主に原子核分裂の際に発生します。

　原子は中心にプラスに帯電した原子核があり、外の軌道にマイナスに帯電した電子があります。

　原子と原子の結合は両方の原子の軌道電子で結合しており、その結合エネルギーは数eVです。放射線は原子を電離させたり、原子間の結合を切断したりします。**電離作用があるために、放射線は危険なので、取り扱いには注意する必要があります。**

第2章 放射線の利用

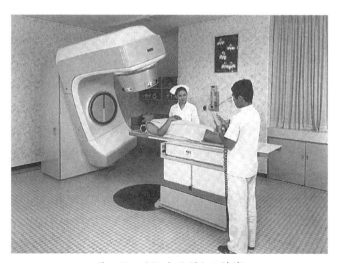

リニアックによるがんの治療
放射線治療学・放射線生物学：真崎規江、森　嘉信、澤田昭三　編
通商産業研究社　1992年発行より

第2章　放射線の利用

```
┌─────────────────────────────────────────┐
│           放射線は役に立つか？             │
│                                          │
│  エックス線撮影（レントゲン撮影）          │
│                                          │
│              ┌ 高エネルギーX線によるがん治療 │
│              │                           │
│  放射線治療 ─┤ 陽子線によるがん治療        │
│              │                           │
│              └ がんの小線源療法            │
│                                          │
│  ホウ素中性子捕捉療法                      │
│                                          │
│  放射線による発芽防止、滅菌                │
│                                          │
└─────────────────────────────────────────┘
```

　放射線は役に立ちます。
　エックス線撮影（レントゲン撮影） は病気の診断には必須です。
　がんの治療 には放射線は欠かすことはできません。
　高エネルギーX線によるがんの治療が広く行われています。
　陽子線によるがん治療はがん病巣に効率よく線量を集中させることができ、副作用が少ない優れた治療法です。
　がんの小線源療法は患者にやさしい治療法で、前立腺がんなどの治療で行われています。
　ホウ素中性子捕捉療法 は、がん細胞をピンポイントで破壊する身体への負担の少ない最先端の放射線がん治療法です。
　放射線はじゃがいもの **発芽防止** や医療器具の **滅菌** にも利用されます。
　これらについて順次説明します。

エックス線像

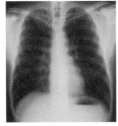
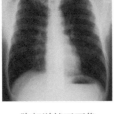

胸部単純正面像　　　頭部単純CT像

読影の基礎：読影の基礎編集委員会編　共立出版　2004年発行より

単純正面像：この方法は古くから行われており、現在も最もよく行われる撮影法です。胸部単純正面像（左図）では病巣が正面から見た場合の位置はわかりますが、胸部のどの深さにあるかはわかりません。

単純CT像：右図のように頭部を順々にある厚さの輪切に撮影（断層撮影と言います）したものが中央に示す頭部単純CT像です。このように断層撮影すると病巣の深さも正確にわかります。

これは頭部の撮影の例ですが、胸部、腹部についても断層撮影は行われます。

エックス線CTとは：X-ray Computed Tomography の略語で、エックス線を使用したコンピュータ処理した断層撮影法という意味です。

Tomography は断層撮影法の意味です。

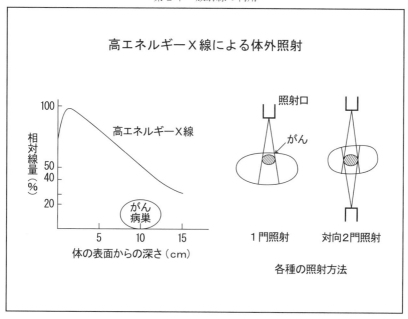

高エネルギーX線を体外から照射して、がんを治療する方法があります。左図に示すように、体の深部にあるがん病巣の場合は、放射線ががん病巣に届くまでに、どんどんエネルギーを失い、がん病巣に届く線量が非常に減少します。そのため体の正常な組織が障害を受けます。そこで、がん病巣の線量が多くなるように工夫します。

1門照射：図に示すように、がん病巣が体表面の近くにある場合は1門照射で十分です。

対向2門照射：体の深部にがん病巣がある場合は、右図のように対向2門照射すると、照射軸方向に長い比較的均等な線量分布が得られ、がん病巣の深さに関係せず均等な線量分布を得ることができます。そのため正常組織の障害は軽く押さえられます。

多門照射法：3方向、4方向から照射する多門照射法もあります。

さらに照射装置が患者の体の周囲を回転する**回転照射法**があります。

第 2 章 放射線の利用

強度変調放射線治療（IMRT）

従来の放射線治療

強度変調放射線治療

矢印は放射線、太さは放射線の量

強度変調放射線治療（ＩＭＲＴ Intensity Modulated Radiation Therapy） とは、がん病巣の形状に合わせた線量分布を形成でき、正常組織の被ばく線量をより低減できる放射線治療のテクニックです。

図は 5 方向から高エネルギーＸ線をがん病巣に照射した場合です。矢印の太さは線量の大小を表しています。

従来の放射線治療：がん病巣の形が複雑で凹のあるような場合は、従来の照射法（左図）ではがん病巣の周囲の正常組織や臓器にもがん病巣と同じ線量が照射されてしまい、副作用が起こることがあります。

強度変調放射線治療：この方法では、右図に示すように各方面からの放射線を小さいＸ線束（ビーム）に分けて、コンピュータの助けを借りて、**がん病巣のみに放射線を集中して照射できるので、副作用が少ない革新的な照射技術**です。この方法は前立腺がん、頭頸部がん、脳腫瘍の治療に適しています。

第 2 章　放射線の利用

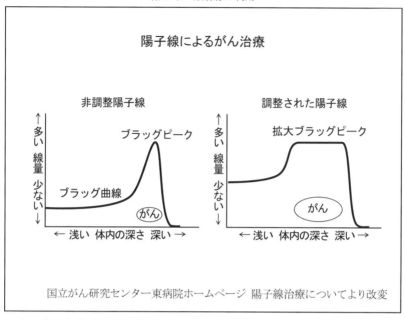

国立がん研究センター東病院ホームページ 陽子線治療についてより改変

　陽子線は体内に入っても表面近くではエネルギーをほとんど放出せず、停止する直前にエネルギーを大量に放出して大きな線量を組織に与える性質があります。これを発見者の名前を取って「**ブラッグピーク**」と呼びます（左図）。陽子線でがん治療を行う場合は右図のように陽子の加速エネルギーを変えることにより、**がん病巣の深さ、広がりに合わせてピークの幅を変えることができます（拡大ブラッグピーク）**。これによって正常組織の障害を最小に抑えてがん病巣に目的の線量を照射することができます。

　通常の放射線治療で用いられる高エネルギーX線は体内に入るに従って放射線量が減少するので、がん病巣が深部にある場合はがん病巣に届くまでに線量が非常に減少します。そのため、がん治療を行った場合に正常組織に障害を起こすことがあります（P.37参照）。それに対し**陽子線の場合は正常組織への線量が少なく、がん病巣にのみ効率よく線量を集中できるので副作用を少なくできます**。

　なお、**陽子線**とは水素原子の軌道電子を剥ぎ取った原子核（すなわち陽子）を加速して大きなエネルギーを持たせたものです（P.27参照）。

第2章　放射線の利用

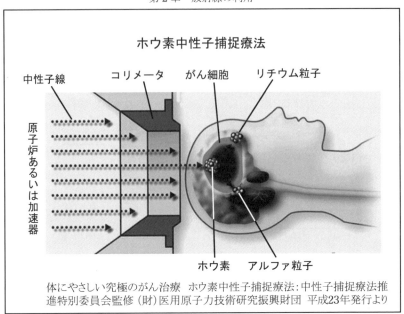

体にやさしい究極のがん治療　ホウ素中性子捕捉療法：中性子捕捉療法推進特別委員会監修（財）医用原子力技術研究振興財団　平成23年発行より

　ホウ素中性子捕捉療法は、がん細胞をピンポイントで破壊する身体への負担の少ない最先端の**放射線がん治療法として開発中**です。

　ある種のホウ素の化合物は点滴によって投与するとがん細胞に非常によく集まります。**ホウ素**はエネルギーの低い中性子線（**熱中性子**といいます）を捕えて、核反応を起こし、粒子線を放出します。ホウ素化合物が集まったがん細胞に中性子線を照射すると、ホウ素原子との核反応により発生した粒子線（**リチウム粒子、アルファ粒子**）が**がん細胞を死滅**させます。

　図は脳腫瘍の患者にこの治療を行っているところです。ホウ素の化合物を点滴投与で脳腫瘍に集めます。原子炉または中性子線発生装置で発生させた中性子線で脳腫瘍を照射します。このとき、腫瘍病巣が中性子線で照射されるように、コリメータ（放射線を目的の部位のみに照射するための器具）で調整します。中性子線がホウ素原子と核反応し、リチウム粒子とアルファ粒子が発生し、がん細胞を死滅させます（詳しくは P.150 参照）。

前立腺がんの小線源療法

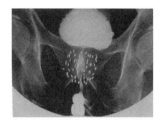

前立腺に挿入された多数の
線源カプセルが見える

線源の大きさと構造

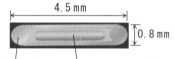

純チタン製カプセル ヨウ素125を化学的に
　　　　　　　　　結合させた銀製の短線

小武家誠 他:岡山医会誌 第120巻 211頁 2008年より

　前立腺がんの小線源療法とは放射線を出す小さな**線源（カプセル）を前立腺内に挿入**して埋め込み、前立腺の内部からがん細胞に放射線を照射する治療法です。線源には放射性元素である**ヨウ素－125**（物理的半減期60日）が密封されており、ヨウ素－125から放出される放射線でがん細胞を照射します。

　埋め込む数は50～100個程度です。埋め込む位置はコンピュータを用いて周辺の臓器への影響が最小で治療効果の高い場所を選びます。

　この小線源は右図のように、直径0.8ミリメートル、長さ4.5ミリメートルの純チタン製カプセル（シード線源といいます）の中にヨウ素－125を化学的に結合させた銀製の短線が封入されています。左図では前立腺に挿入された多数のシード線源が見られます。

　この小線源の放射能は徐々に弱くなり、1年後は64分の1に減少しています。この線源は前立腺に永久に挿入した状態にしておきます。

　早期前立腺がんに対しては手術も放射線療法も治療成績は良好で、治療法の違いによる生存率の差はないとされています。

第2章　放射線の利用

じゃがいもの発芽防止や滅菌

発芽したじゃがいもは食べられません

ガンマ線照射により発芽が止まります

注射器なども
ガンマ線照射
で滅菌します

　放射線の医学・医療への利用を中心に述べてきましたが、これ以外の利用もあるのです。その例を挙げてみます。

　じゃがいもは収穫してから50日～100日の休眠期が過ぎると、発芽が始まり、食べられなくなります。

　ガンマ線を60～150グレイ*照射すると、8カ月～1年間発芽が止まり、貯蔵中の目減りも少なくなります。

　照射された根菜類は、**茎端にある分裂組織が放射線障害を受け、細胞分裂をしなくなり、発芽が停止するためです**。照射によって品質にはほとんど影響はなく、有害な物質が形成されることもありません。

　プラスチック製の注射器などの**医療器具もガンマ線照射で滅菌**します。

　＊　グレイについては47ページ参照

第 2 章　放射線の利用

第2章のまとめ

放射線は医学・医療分野では必須です。

エックス線撮影
　　　⎡ 単純撮影
　　　⎣ ＣＴ（撮影）

放射線治療
　　　　高エネルギーＸ線によるがん治療
　　　　強度変調放射線治療（ＩＭＲＴ）
　　　　陽子線によるがん治療
　　　　ホウ素中性子捕捉療法
　　　　前立腺がんの小線源療法

医学・医療分野以外では
　　　　放射線照射によるじゃがいもの発芽防止、医療器具の滅菌など

　放射線は医学・医療分野では必須です。

　エックス線単純撮影、エックス線CTは診断に必須です。

　強度変調放射線治療（IMRT）は優れたがん治療法です。

　陽子線によるがん治療法は、がん病巣にのみ線量を集中できる優れたがん治療法です。

　前立腺がんの小線源療法は、患者に優しく、手術にも劣らない生存率を示す優れた前立腺がんの治療法です。

　ホウ素中性子捕捉療法は、がん細胞をピンポイントで破壊する身体への負担の少ない最先端の放射線がん治療法として開発中です。

　医学・医療分野以外でも、じゃがいもの発芽の防止や医療器具の滅菌などに放射線照射が行われます。

第３章 放射線関係の単位と放射線測定器

GMサーベイメータ
49 ページ　参照

第3章　放射線関係の単位と放射線測定器

放射線関係で使用される主な単位（1）

ベクレル(Bq)
放射能の単位で、1秒間に1個の原子が
崩壊する放射能値が1ベクレル

グレイ(Gy)
放射線量の単位で、放射線のエネルギーがどれだけ物質（人体を
含むすべての物質）に吸収されたかを表す単位

　ベクレル(Bq)：放射能の単位です。放射性元素が放射線を放出して、1秒間に1個の原子が崩壊する放射能値が1ベクレルです。1ベクレルの1,000倍が1k（キロ）ベクレル、100万倍が1M（メガ）ベクレルです。ベクレルはフランスの物理学者 H.Becquerel（P.59参照）にちなんで付けられました。ベクレルは記号では Bq と書きます。
　福島第一原発事故の汚染水で、「1リットル当たりトリチウムを100ベクレル含む」というような報道がテレビや新聞で見られます。これは汚染水1リットル中で1秒間に100個のトリチウム（H-3）がベータ線を放出してヘリウム原子に変化するという意味です。

　グレイ(Gy)：放射線量の単位です。放射線の種類を問わず、物質がどれだけ放射線のエネルギーを吸収したかを表す**物理的な単位**です。グレイはイギリスの物理学者 L.H.Gray にちなんでつけられました。グレイは記号では Gy と書きます。
　人に1グレイ照射すれば、どのくらいの影響があるでしょうか。
　エックス線（またはガンマ線）を人が全身に4グレイ被ばくすると30日間に50パーセントの人が死亡します。
　しかし、高エネルギー X 線によるがん治療の場合、例えば、がん病巣に1日2グレイ、1週間で10グレイ、6週間照射で60グレイのような治療が行われます。

　同じ1グレイでも放射線の種類によって、人に与える影響（危険度）は非常に異なります。（P.48参照）

第3章　放射線関係の単位と放射線測定器

放射線関係で使用される主な単位（2）

シーベルト(Sv)
放射線量の単位で、放射線によって、どれだけ人に影響(危険)が
あるかを表す単位、等価線量と実効線量の単位に使用

　等価線量
　　放射線の人に対する危険度を表す単位
　　Gy×放射線の危険度

　実効線量
　　確率的影響（発がんと遺伝性影響）の大きさを表す単位

　シーベルト(Sv)：放射線量の単位です。放射線の種類は問わず、人が放射線によってどれだけ影響を受けたかを表す際の単位です。グレイもシーベルトも放射線量を表す単位ですが、グレイは物理的に測定した線量であり、シーベルトは人間に対する危険性で表す線量です。等価線量と実効線量の単位に使用します。
　等価線量：放射線の人に対する危険度を表す線量です。1グレイ被ばくしても放射線の種類によって人に対する危険度は非常に異なります。そこで、グレイで測定した線量に、その放射線の危険度を掛けて、人に与える影響（危険度）を表します。その値をシーベルトと言います。エックス線とアルファ線に各々1グレイ被ばくした場合にエックス線では1シーベルト、アルファ線では20シーベルトになります。1シーベルト＝1,000ミリシーベルト＝1,000,000マイクロシーベルトです。シーベルトはスウエーデンの放射線防護学者R.H.Sievertにちなんで付けられました。シーベルトは記号ではSvと書きます。シーベルト＝グレイ×（その放射線の危険度）で計算します。
　実効線量：確率的影響（発がんと遺伝性影響）（P.83参照）の危険度を表す線量です。人の臓器や組織は放射線に被ばくした場合に、その臓器や組織の種類によってがんの発生の確率は異なります。そこで被ばくした臓器や組織のがんの発生確率を加え合わせ、それに等価線量をかけて表します。この場合もシーベルトをつかいます。
　テレビ、新聞で報道されるときに、シーベルト（Sv）であるか、ミリシーベルト（mSv、シーベルトの1,000分の1）であるか、マイクロシーベルト（μSv、シーベルトの100万分の1）であるか、その単位に注意する必要があります。
　エックス線とガンマ線は　1グレイ＝1シーベルトです。

第3章 放射線関係の単位と放射線測定器

放射線測定器Ⅰ サーベイメータ

シンチレーションサーベイメータ
　比較的少量のガンマ線用

GMサーベイメータ
　ベータ線、エックス線、ガンマ線用

電離箱サーベイメータ
　主に比較的量の多いエックス線、ガンマ線用

　放射線は人の五感に感じません。そこで、放射線の存在を知るためには、特別な機器や装置が必要です。
　放射線の量や放射能汚染の状況を測定するための測定器を**サーベイメータ**と言います。
　簡単に手で持ち運ぶことができ、身の回りの放射線の量や放射能汚染を測定するために使用します。

シンチレーションサーベイメータ
　比較的少量のガンマ線の量の測定に使用します。1秒、1分または1時間当たりのマイクロシーベルトで表示します。

GM(ジーエム)サーベイメータ（ガイガーカウンタと呼ぶこともあります）
　ベータ線、エックス線、ガンマ線の量の測定に使用します。測定値は1秒または1分当たりのカウント数（計数率）で表示します。

電離箱サーベイメータ
　おもに比較的量の多いエックス線やガンマ線の量の測定に使用します。測定値は1時間当たりのマイクロシーベルト、ミリシーベルト等で表示します。

第3章　放射線関係の単位と放射線測定器

放射線測定器Ⅱ　個人被ばく線量計

ガラス線量計　　　　　　半導体電子ポケット線量計

　個人被ばく線量計は放射線に被ばくする恐れのある場所で、作業する人の個人の被ばく線量を測定するための測定器です。その場所にいる間、胸部（場合によって腹部）に装着して測定します。

ガラス線量計
　普通一カ月間使用した後、ガラス線量計に蓄積された被ばく線量を測定業者が読み取って、その結果を通知してくれます。そのため、被ばく線量は一カ月以上後でないと知ることができません。**ガラス線量計は被ばくの記録を残すためには有効ですが、被ばく線量をすぐに知るためには不適当です。**

半導体電子ポケット線量計
　エックス線やガンマ線に被ばくする場合で、被ばく線量をすぐに知りたいときに使用します。**被ばく線量は数値で表示される**ので、被ばく線量を直ちに知ることができます。

アラームメータ
　ある程度の危険性がある作業の場合に、あらかじめ測定器を一定線量に設定しておき、設定線量まで被ばくすれば、アラームを発する機構になっています。携帯に適するよう小型に作られています。

第3章　放射線関係の単位と放射線測定器

放射線測定器Ⅲ　全身カウンタ

全身の放射性物質を
測定する測定器

「化学」4月号 別冊
検証！福島第一原発事故：
化学同人編集部編 栗原治著
化学同人 平成24年発行より

　体内に取り込まれた放射性物質から放出されるガンマ線、ベータ線（制動エックス線*を測定）を測定して、体内の放射性元素の種類と量を知る方法があります。その際に使用される測定器が全身カウンタ（**ホールボディカウンタ**または**ヒューマンカウンタ**と言います）です。
　いろいろな種類がありますが、その一例として、簡易型全身カウンタを示しました。この型の全身カウンタはシンチレーションの方式で測定するので、感度よくガンマ線を測定できます。自動車に搭載も可能です。
　ガンマ線を放出する放射性物質は測定できますが、ベータ線のみ放出する物質は少量の場合は測定できません。

＊　ベータ線や電子線が物質と反応して、そのエネルギーの一部
　　がエックス線となったものです

第3章　放射線関係の単位と放射線測定器

放射線測定器Ⅳ　食品放射能測定モニタ

測定の流れ

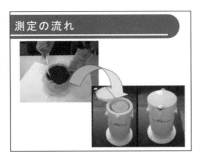

放射線(ガンマ線)測定器

エネルギー分析

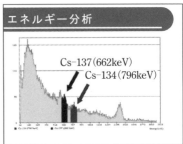

Cs-137(662keV)
Cs-134(796keV)

測定結果

(株)千代田テクノルより

　厚生労働省医薬食品局通知の「食品中の放射性セシウム スクリーニング法」に対応した測定器です。
　左の図は食物や野菜などを容器に入れ、矢印のように測定器に入れて、蓋をして測定します。
　この測定器は**セシウム－137(Cs－137)やセシウム－134(Cs－134)のようなガンマ線を放出する放射性物質を測定する**機器です。
　右の図は測定結果で Cs－137 はガンマ線エネルギー 662 keV（キロエレクトロンボルト）に、Cs－134 は同じく 796 keV に計測されているのがわかります。
　この測定器はシンチレーションサーベイメータと同じシンチレーションの方式を使用しています。食品検査ではスクリーニング検査に多く用いられます。
　類似したエネルギーのガンマ線が複数個ある場合の測定では、シンチレーション方式よりも Ge（ゲルマニウム）**半導体検出器**を使用した方が精密に測定できます。食品検査では、スクリーニング検査で基準値を超えた場合の確定検査や基準値の低い飲料水の測定に多く用いられます。しかし Ge 半導体検出器は非常に高価なものです。

第3章　放射線関係の単位と放射線測定器

> **第3章のまとめ**
>
> 放射線関係の単位
> 　　ベクレル　　　　放射能の単位
> 　　グレイ　　　　　放射線量の単位－－－物理的に測定した単位
> 　　シーベルト　　　放射線量の単位－－－等価線量、実効線量に使用
>
> サーベイメータ
> 　　簡単に手で持ち運ぶことができ、身の回りの放射線の量や放射能汚染を測定する測定器
>
> 個人被ばく線量計
> 　　放射線に被ばくする恐れのある場所で、作業する人の個人の被ばく線量を測定する測定器で、その場所に居る間、胸または腹部に装着して測定
>
> 全身カウンタ
> 　　人の全身を計測して体内の放射性物質の種類と量を知る測定器。ガンマ線を放出する放射性元素は測定できるが、ベータ線のみ放出する放射性元素は少量の場合は測定できない。
>
> 食品放射能測定モニタ
> 　　食物や野菜などの放射性物質（Cs-137、Cs-134のようなガンマ線を放出する）を測定する測定器

ベクレル－－－放射能の単位で、1秒間に1個の原子が崩壊する放射能値が1
　　　　　　　ベクレル
グレイ－－－放射線のエネルギーがどれだけ物質に吸収されたかを表す単位
シーベルト－－放射線によって、どれだけ人に影響（危険）があるかを表す線
　　　　　　　量の単位で、等価線量と実効線量の単位に使用
　　等価線量－－－放射線の人に対する危険度を表す線量
　　　　　　　　　　　グレイ　×　（放射線の危険度）で表わす
　　実効線量－－－確率的影響（発がんと遺伝性影響）の大きさを表す線量
シンチレーションサーベイメータ
　　比較的少量のガンマ線の測定に使用します。
GMサーベイメータ
　　ベータ線、エックス線、ガンマ線の測定に使用します。
電離箱サーベイメータ
　　主に比較的量の多いエックス線、ガンマ線の測定に使用します。
個人被ばく線量計
　　ガラス線量計－－－1カ月間使用した後、測定業者が被ばく線量を通知
　　してきます。被ばくの記録を残すために有効ですが、被ばく線量をすぐ
　　に知るためには不適当です。
　　半導体電子ポケット線量計　－－－エックス線やガンマ線に被ばくする
　　場合で、被ばく線量をすぐに知りたい場合に使用します。
全身カウンタ－－－体内に取り込まれた放射性物質からのガンマ線（制動エックス線も）を測定する測定装置です。ベータ線のみ放出する物質は少量の場合は測定できません。
食品放射能測定モニタ－－－－食物や野菜などを容器に入れ、セシウム-137やセシウム-134などのガンマ線を放出する放射性物質を測定する装置です。

第二部 放 射 能

第4章 放射能の発見

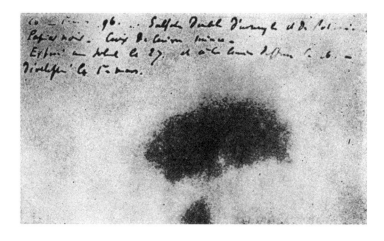

"ベクレル線"で感光した最初の乾板
60ページ　参照

第 4 章　放射能の発見

放射能の発見者たち

キュリー夫人　　　　　　　　ベクレル博士

ベクレル博士
Henri Becquerel（1852年〜1908年）

　フランスの物理学者、1896 年、ベクレル博士は黒紙にくるんだ写真乾板の上にウラン化合物をおくと感光することから、エックス線とは違う種類の放射線（ベクレル線と言います　後でアルファ線、ガンマ線と判明）が**ウラン**から出ていることを発見しました。この時、人間が初めて物質（のなかの原子）から自発的に放射線が放出されていることを知りました。この性質は、後にキュリー夫人によって放射能と名付けられました。放射能とはもともとは放射線を出す性質（または能力）のことでしたが、現在では**放射性物質（放射能をもった物質）**の意味で使用されることが一般的になりました。放射能の単位のベクレル（記号では Bq と書きます）はベクレル博士にちなんで付けられたものです。1903 年、キュリー夫妻とともに、ノーベル物理学賞を受賞しました。

キュリー夫人
Marie Curie（1867年〜1934年）

　フランスの物理学者（ポーランド生まれ）、1898 年、夫ピエール・キュリーとともに、ウランよりも強い放射線を出す元素である**ポロニウム**と**ラジウム**を発見しました。ポロニウムという元素名はキュリー夫人の出身地ポーランドにちなんで名づけられました。1903 年に夫ピエール・キュリーとともにノーベル物理学賞を受賞しました。1911 年にはノーベル化学賞も受賞しました。

第4章　放射能の発見

"ベクレル線"で感光した最初の乾板

1896年（明治29年）3月1日

X線からクォークまで：エミリオ・セグレ著
久保亮五、矢崎裕二訳　みすず書房　2009年発行より

　1896年2月26日に、アンリ・ベクレル（Henri Becquerel 1852－1908）は黒紙にくるんだ写真乾板の上に、ウランの化合物（硫酸ウラニルカリウム）を置いたまま、全体を暗い引出しの中にしまっていました。3月1日に現像してみると、大変強い"影"が現れました。上の図はベクレルがその乾板を現像した時に見た"影"のなかの一つです。彼は自分が何か重要な事を発見したと悟りました。
　彼はウラン化合物が黒い紙を透過する線（ベクレル線）を放出していることを発見したのです。後で、ウランから放出されるベクレル線はアルファ線とガンマ線であることがわりました。これはレントゲンのエックス線の発見から約4ヵ月後のことです。
　アンリ・ベクレルはパリの自然誌博物館で、物理学の教授を四代続けたベクレル家の三代目でした。父のエドモンド・ベクレルの時からウランを特に詳しく研究し、ウランの蛍光の強度と持続時間の測定も行っており、アンリ・ベクレルもこれらの研究を受け継いでいました。このようなときに、レントゲンによるエックス線の発見が報じられ、ウランからのベクレル線を発見したのです。
　放射線（エックス線も）には写真作用があり、光と同じように写真乾板や写真フィルムを黒化する作用があります。

第4章　放射能の発見

天然に存在する元素

一番軽い水素(H)から一番重いウラン(U)まで92元素

元素は陽子の数で決まる

陽子の数(原子番号)　　1, 2 ------------------ 92
　　　　　　　　　水素(H), ヘリウム(He)　　　　　　ウラン(U)

質量(重さ)は陽子＋中性子

陽子の数	1	1	1
中性子の数	0	1	2
元素名と質量数	水素-1 (H-1)	水素-2 (H-2)	水素-3 (H-3)

　天然に比較的豊富に存在する元素は一番軽い水素（元素記号 H、以下同じ）から一番重いウラン（U）まで92の元素があります。
　原子核（P.26参照）内にある陽子の数により、その元素の性質は決まります。陽子1個は水素（H）、2個はヘリウム（He）----92個はウラン（U）です。
　元素には原子番号が付いており、**陽子が1個（水素 H）は原子番号1、陽子が2個（ヘリウム He）は原子番号2、陽子が92個（ウラン U）は原子番号92です。**
　原子核内には陽子の他に中性子があります（H-1は例外）。この陽子の数と中性子の数の合計が質量数（重さ）です。
　元素名（または記号）の後の数字は質量数を示します（P.151参照）。水素には水素-1（H-1）、水素-2（H-2）、水素-3（H-3）の3種類があり、ウランにはウラン-234（U-234）、ウラン-235（U-235）、ウラン-238（U-238）などがあります。この場合、H-1、H-2、H-3は水素という仲間なので、互いに**同位元素**または**同位体**といいます。ウランやその他の元素についても同様です。92種の元素についてそれぞれ数個以上の同位元素が存在します。水素の例ではH-1とH-2は放射線を放出しませんが、H-3は放射線（ベータ線）を放出します。92種全ての元素で放射線を放出する同位元素（これを**放射性同位元素**と言います）があります。

第4章 放射能の発見

放射性元素はなぜ放射線を放出するか?

放射線を放出して安定な元素になろうとする

放射線を放出したら別の元素へ変わる

アルファ線　　　ラジウム—226　　→　　ラドン—222
ガンマ線
　　　　　　　　$^{226}_{88}Ra$　　　　　　　　$^{222}_{86}Rn$

ベータ線　　　　コバルト—60　　→　　ニッケル—60
ガンマ線
　　　　　　　　$^{60}_{27}Co$　　　　　　　　　$^{60}_{28}Ni$

ベータ線　　　　水素—3　　　　→　　ヘリウム—3

　　　　　　　　$^{3}_{1}H$　　　　　　　　　　$^{3}_{2}He$

　前ページで水素には水素—1 (H—1)、水素—2 (H—2)、水素—3 (H—3) があると述べました。このうち H—3 は上図の下段に示しましたが、**原子核内が不安定なため、放射線を放出して安定になろうとします**。そこで原子核からベータ線を放出して安定な原子核になります。その結果、H—3 の原子核は原子番号が1つ大きくなり、ヘリウム—3 (He—3) の原子核に変化します。この時に質量 (重さ) の変化はありません。このようにベータ線を放出して、別の原子に変化することを**ベータ崩壊**といいます。
　ベータ、ガンマ崩壊をコバルト—60 (Co—60) で、**アルファ崩壊**をラジウム—226 (Ra—226) で説明します。
　コバルト—60 (Co—60) はベータ線を放出するときにガンマ線も同時に放出します。この場合は元の元素より原子番号が1つ大きく (コバルト—60 の場合はニッケル—60) になりますが、質量数は変化しません。
　ラジウム—226 (Ra—226) のように、アルファ線を放出する場合は、ガンマ線も同時に放出します。この時、元の元素は原子番号が2つ小さくなり、質量数が4つ小さくなります (ラジウム—226 の場合はラドン—222 になります)。(同位元素の表現方法については P.151 を参照)
　放射性元素は放射線を放出しながら別の元素に変化します。このことは放射性元素は時間が経過すると減少することを意味します。

第4章 放射能の発見

物 理 的 半 減 期

放射性物質（放射性元素）は時間の経過とともに減少する性質がある

放射能が半分になる（放射性物質が半分になる）までの時間を物理的半減期という

10,000個の炭素-14 ⟶ 5,000個の炭素-14 ⟶ 2,500個の炭素-14
　　　　　　　　　　5,730年　　　　　　　　5,730年

水素－3 は 12.3年

コバルト－60 は 5.3年

ラジウム－226 は 1620年

　全ての放射性物質（放射性元素）は時間の経過とともに減少する性質があります。今、放射性元素である炭素－14が10,000個あります。これが5,730年後に測定すると5,000個に減少しているはずです。さらに5,730年後に測定すると2,500個に減少しているはずです。このように**放射性元素の個数が半分に減少するまでの時間を物理的半減期**と言います。この物理的半減期は各々の放射性元素について固有の値です。

　前ページにありました水素－3、コバルト－60およびラジウム－226の物理的半減期は各々12.3年、5.3年および1620年です。物理的半減期の短いものは1秒以下のものから長いものは10億年以上のものまであります。物理的半減期の10倍の時間が経過すると、放射性元素の数は約1000分の1に減少します。

第4章 放射能の発見

放射線のエネルギーと化学結合のエネルギーの比較

放射線のエネルギー

ラジウム-226 からの ┌ アルファ線　4.78 MeV（＝478万 eV）
　　　　　　　　　　└ ガンマ線　　0.186 MeV（＝18万6000 eV）

化学結合のエネルギー

　　酸素と水素（O－H）　4.8 eV
　　炭素と水素（C－H）　4.3 eV
　　炭素と炭素（C－C）　3.6 eV

放射線のエネルギーは化学結合のエネルギーの10万倍から100万倍

　ここで、放射線の持つエネルギーと化学結合のエネルギーの大きさを比較してみます。**エネルギーの単位にエレクトロンボルト（電子ボルト　記号ではeV）という単位があり、放射線の領域で使用されます。**MeV は100万 eV、keV は 1000 eV です。

　ラジウム-226は 4.78 MeV のエネルギーのアルファ線と 0.186 MeV のガンマ線を放出します。

　一方、水（H_2O）の酸素と水素の結合（O－H）エネルギーは、eVで表わせば 4.8 eV です。炭素と水素（C－H）、炭素と炭素（C－C）などの有機化合物を構成する化学結合のエネルギーも数 eV です。

　ラジウム-226 のアルファ線の持つエネルギーは 4.78 MeV、ガンマ線のエネルギーは 0.186 MeV であるので、有機化合物の原子と原子の結合エネルギーの約 100 万倍です。このように、放射線のエネルギーは化学結合のエネルギーの 10 万倍から 100 万倍の大きさです。

　アルファ線やガンマ線は原子核から放出されたもので、これらの持つエネルギーは原子と原子が結合するときの化学エネルギーに比較して100万倍も大きいのです。

　この大きなエネルギーの放射線が細胞内のDNAにあたれば、DNAは簡単に傷つきます。

第4章 放射能の発見

第4章のまとめ

1896年 ベクレル博士 ---- ウランから放出の放射線を発見

1898年 キュリー夫妻 ---- ポロニウムとラジウムを発見

天然に92元素 -------- 陽子数が原子番号、陽子数に中性子数を加えたものが質量数(重さ)、陽子数が同じで、中性子数の異なるものが同位元素で、同位元素には安定元素と放射性元素がある

放射性元素 ---------- アルファおよびガンマ放射体、ベータおよびガンマ放射体、ベータ放射体

物理的半減期 -------- 放射性元素が半分に減少するまでの時間

放射線のエネルギー ------ 化学結合のエネルギーの10万倍から100万倍

　1896年、ベクレル博士が物質（ウラン原子）から自発的に放射線が放出されることを発見しました。

　1898年、マリー・キュリーは夫ピエール・キュリーとともにウランよりも強い放射線を放出する物質であるポロニウムとラジウムを発見しました。

　天然には一番軽い元素である水素（原子番号1）から一番重い元素であるウラン（原子番号92）まで92種の元素があります。

　原子核は陽子と中性子から構成されており、陽子の数が原子番号となります。陽子と中性子の合計が質量（重さ）数であり、各元素には質量数の異なる（すなわち中性子数の異なる）原子があります。陽子数が同じで、質量数の異なる原子を互いに同位元素といいます。同位元素には安定な原子と放射線を放出する原子（放射性元素）があります。

　放射性元素にはアルファ線とガンマ線を同時に放出するもの、ベータ線とガンマ線を同時に放出するもの、ベータ線のみを放出するものがあります。

　放射性元素は時間の経過とともに減少し、半分になるまでの時間を物理的半減期といいます。

　化学結合のエネルギーに比較して放射線のエネルギーは10万倍から100万倍大きいのです。

第5章 放射性元素の利用

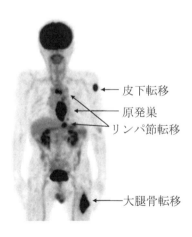

下部食道の進行がんの例
70 ページ　参照

第5章　放射性元素の利用

骨シンチグラフィ

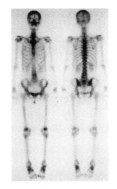
正常像（71歳、女性）

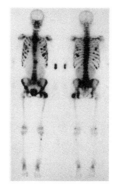
胃癌の多発骨転移
（45歳、男性）

^{99m}Tc-リン酸化合物

最新臨床核医学:著者 滝淳一、利波紀久 監修 久田欣一
編著 利波紀久、久保敦司 金原出版 平成11年発行より

　リン酸化合物は骨に多く集積する性質を持っています。ガンマ線を放出する放射性元素であるテクネチウム-99m（^{99m}Tc）という放射性元素をこのリン酸化合物に結合させて静脈注射すると、この化合物は骨に多く集積します。
　骨にがんがあれば、そこに特に多く集積します。骨に集積した^{99m}Tc-リン酸化合物から放出されるガンマ線をシンチカメラという放射線測定器で全身を測定して、図のように**画像（シンチグラフィ**と言います）にします。図ではガンマ線が多く放出されている所（^{99m}Tc-リン酸化合物が多く集積している所）は黒色に描かれています。**この画像で骨へのがんの転移がわかります。**
　左は正常な人（左が正面像、右が後面像）の場合で、右は胃がんが骨に転移している（多数の黒い点、左が正面像、右が後面像）症例です。

第5章　放射性元素の利用

¹⁸F－FDGのPET画像

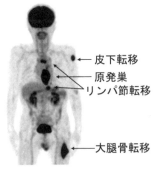
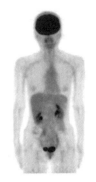

　　　　　　　　　　皮下転移
　　　　　　　　　　原発巣
　　　　　　　　　　リンパ節転移

　　　　　　　　　　大腿骨転移

下部食道の進行がんの例　　　　正常例

改訂版 PET検査 Q&A：日本核医学会、日本アイソトープ協会編集・発行　2007年より

　4時間以上絶食後に、¹⁸F-FDG（フッ素－18 という放射性元素で目印を付けたブドウ糖）を静脈注射して、2時間後に PET 装置＊で撮像したもので、黒色の処は ¹⁸F-FDG の集積（ブドウ糖を多く取り込んで消費しているところ）したところです。

　右は正常な人の例です。脳と腎臓と膀胱（尿）に ¹⁸F-FDG が集積しています。

　左の下部食道の進行がんの例では**原発巣の他に皮下転移、リンパ節転移、大腿骨転移**が認められます。¹⁸F-FDG はがんの画像診断に重要な放射性医薬品です。

　＊　全身を測定できる PET 画像用の放射線測定装置

第 5 章　放射性元素の利用

脳への^{18}F－FDGの取り込み

(a) 食事摂取後　　　　(b) 空腹時

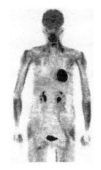 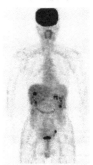

核医学画像診断ハンドブック 改訂版：利波紀久 監修　中嶋憲一、絹谷清剛 編集
エルゼビア・ジャパン　2011年発行より

　(a)は食事摂取後、(b)は空腹時に、^{18}F-FDG を静脈注射し、その 2 時間後に PET 装置で撮像したものです。

　(a)の場合は、脳への^{18}F-FDG の取り込みは正常な筋肉とあまり違わない程度の取り込みしかありません。^{18}F-FDG の取り込みはブドウ糖の取り込みを表していますが、食事後は脳にもブドウ糖が十分に取り込まれているので、投与した^{18}F-FDG はわずかしか取り込まれません。

　(b)は空腹時のため、脳の中のブドウ糖が空っぽで、そのために多量の^{18}F-FDG が脳に取り込まれたのです。

　脳のエネルギー源はブドウ糖ですが、空腹時にはこのエネルギー源が非常に不足していることを示しています。

脳を正常に働かすために、子供も大人も朝食を摂ることが大切です。

第5章　放射性元素の利用

バセドウ病の治療

治療前　　　　　　　　治療後

核医学検査Q&A なぜ核医学検査を受けるの？：日本核医学会、日本核医学技術学会、日本アイソトープ協会 編集 発行 2012年より

　甲状腺（こうじょうせん）＊は甲状腺ホルモンを製造して分泌しており、正常な甲状腺ではこのホルモンの原料として必要なヨウ素を1日当たり最低0.1～0.15ミリグラム摂取する必要があります。
　バセドウ病（**グレブス病**とも言います－**甲状腺機能亢進症**）の患者は甲状腺へヨウ素の取り込みが多く、甲状腺機能低下症ではヨウ素の取り込みが少なくなります。
　左図はバセドウ病患者の**放射性ヨウ素（ヨウ素－131）**による治療前の甲状腺の画像（黒色の部分がヨウ素－131）で、非常に多くの放射性ヨウ素が甲状腺に取り込まれたのがわかります。右図はヨウ素－131による治療10カ月後の甲状腺の画像で甲状腺は正常な大きさになり、治癒しています。
　甲状腺がホルモンを必要以上に作りすぎる病気がバセドウ病です。この病気の治療を放射性元素（ヨウ素－131）の投与によって行うことがあります。この治療法は患者に優しく、非常に優れた治療法です。
　甲状腺に取り込まれたヨウ素－131から放出される放射線（主にベータ線）で、甲状腺の細胞を照射し、甲状腺の機能を抑えます。1回の治療で不十分な場合は2回、3回と治療を行うことができます。
　＊　甲状腺は喉（のど）の下部に蝶の形をした約20グラムの内分泌腺です。これから分泌される甲状腺ホルモンは心臓機能の亢進や代謝活性を促進して、エネルギーや酸素消費を増大させます。

第5章 放射性元素の利用

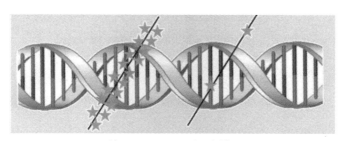

抗悪性腫瘍剤　塩化ラジウム(Ra-223)

ラジウム(Ra-223)の骨転移部位への選択的取り込み
アルファ線を放出してがん細胞のDNA二重鎖切断

アルファ線　　　　　ベータ線
DNA二重鎖切断　　　DNA一重鎖切断
致死的、修復困難　　修復可能

赤座、酒井、米田、細野、和久本：CRPC治療におけるRa-223の位置付け、泌尿器外科　2017年30巻4号　409-416　医学図書出版より

　骨は沢山のカルシウム（元素記号 Ca）を含んでおり、カルシウムは骨の重要な構成物質です。ラジウム（元素記号 Ra）という元素は化学的性質がカルシウムに非常に類似しています。そのため、ラジウムはカルシウムと一緒に骨に多く取り込まれ、骨の中に長く留まる性質があります。
　骨にがん(悪性腫瘍)が転移している部位は、骨の正常な部位よりも骨代謝が盛んなためにカルシウムや**ラジウムを多く取り込みます**。
　がんの骨転移患者にラジウム-223（物理的半減期 11.43 日、アルファ線とガンマ線を放出）を投与すると、このラジウム-223 が骨転移部位に多く集積して、そこで**アルファ線とガンマ線を放出してがんに大きな損傷を与えます**。図に示すように、アルファ線はベータ線やガンマ線よりも破壊力が大きく、DNAの二重鎖を切断し、がんに修復困難な致死的な打撃を与えます（P.150 参照）。
　臨床的にはがんの骨転移のある患者に塩化ラジウム（Ra-223）の水溶液（「ゾーフィゴ静注」の商品名でバイエル薬品（株）で販売されている）を静脈に投与して、ラジウム-223 を骨転移部位に集積させ、がんの成長の抑制と患者の生存期間を延長させています。

第5章　放射性元素の利用

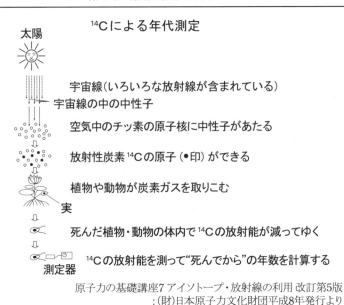

原子力の基礎講座7 アイソトープ・放射線の利用 改訂第5版
:(財)日本原子力文化財団平成8年発行より

放射性炭素である炭素－14（C－14）は5730年の物理的半減期で減衰します。 (P.63 参照)

大気中では宇宙線に含まれる中性子線によって**常に非放射性の窒素（N－14）からC－14が作りだされています。そのため、自然界の炭素（C）には、常に一定の割合でC－14（炭素－1,000グラム中に約267ベクレルのC－14）が**含まれています。

動植物はこれらの炭素を取り込み、新陳代謝していますので、動植物内の炭素はその動植物が生きている間は自然界のC－14濃度と同じです。しかし、**その動植物が死ねば、C－14は新しく供給されないので、減衰するばかりです。そこで、C－14が自然界のC－14濃度よりどれだけ減衰したかを計算すれば、その動植物が死んだ年代がわかります。** 例えば炭素1,000グラム中のC－14が267ベクレルの半分に減少していれば、約5,730年前に、4分の1に減少していれば約11,460年前にその動植物が死んだことがわかります。この方法で、4万年前までに生きていた生物の化石や遺跡の年代を判定できます。

岩石中のウランを測定して地球の年令を測ることも行われています。

第5章　放射性元素の利用

第5章のまとめ

骨のがんの画像診断 -------- 骨シンチグラフィ

がんの画像診断 ----------- FDGのPET画像

脳内のブドウ糖量の欠乏 ------ 脳へのFDGの取り込み

バセドウ病の治療 ---------- 放射性ヨウ素(I－131)

骨のがんの成長抑制と延命 ----- 塩化ラジウム(Ra－223)

C－14を使用した年代測定 ----- 4万年前までの動植物の化石の年代の判定

　骨のがんの画像診断：^{99m}Tc-リン酸化合物は骨に多く集積し、骨にがんが転移していればその部位に特に多く集積します。この性質を利用して、骨のがんの画像診断が行われます。

　がんの画像診断：^{18}F-FDGは脳やがんに多く集積します。この薬品によるがんの画像診断が行われます。

　脳内のブドウ糖の欠乏：^{18}F-FDGは脳に多く集積します。この性質を利用して空腹時に脳はエネルギー源のブドウ糖が欠乏していることが画像で証明されました。

　バセドウ病の治療：甲状腺に放射性ヨウ素（I－131）を集積させて、甲状腺機能亢進症（バセドウ病）の治療を行っています。

　骨のがんの成長抑制と延命：ラジウム（Ra）は骨に多く集積し、骨にがんが転移している部位に、特に多く集積します。ラジウム－223（Ra－223）を骨のがんの部位に集積させて、ラジウム－223から放出される放射線でがんの成長の抑制と患者の延命を行っています。

　C－14を使用した年代測定：放射性炭素（C－14）を使用して、4万年前までの動植物の化石や遺跡の年代判定ができます。

第三部 放射線の生体への影響と環境放射線

第6章 放射線の生体への影響

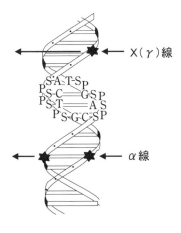

DNAに対する放射線の作用
150 ページ　参照

第6章　放射線の生体への影響

放射線は危険か？

エックス線に

　　全身が4グレイ被ばく　　　50%の人が死亡

　　全身が7グレイ被ばく　　　100%の人が死亡

被ばく線量に比例して発がんの可能性が高くなる

　放射線は危険です。

　エックス線（またはガンマ線）によって**全身に4グレイ被ばくすると半数の人が、7グレイ被ばくすると全員**が30日以内に死亡します。

　放射線には発がん作用があり、**被ばく線量に比例して発がん**の可能性が高くなります。

　人の50パーセントが死ぬ線量（4グレイ）で受けたエネルギーを熱量に換算すれば、**70キログラムの人では67カロリー**になります。この熱量は67ミリリットルの水を摂氏1度だけ上昇させる熱量です。体温にすれば1,000分の1度上昇させる微量です。このことから放射線による人の死は熱によるものではないことは明らかです。

　放射線による人の死や発がんはエネルギーの大きい放射線により細胞内のDNAが壊されたり、傷つけられたりするためです。

第6章　放射線の生体への影響

動物の種の違いによる放射線（X線）感受性の差

	種	X線を全身に被ばくした後30日以内に半数が死ぬ線量（単位：グレイ）
哺乳動物類	人	4
	マウス	4.5～6
鳥類	ニワトリ	10
魚類	メダカ	20～30
両生類	カエル	30～100
昆虫類	ハエ	1000
単細胞生物	イースト	3000

簡単に言うと高等動物ほど放射線に対する感受性が高い

　簡単に言えば、高等動物ほど放射線に対する感受性が高くなります（高等動物ほど放射線に弱くなります）。
　哺乳類、鳥類、魚類、両生類、昆虫類、単細胞生物の順に放射線抵抗性となります。
　ゲノムDNAサイズに依存して、放射線の感受性が異なり、動物が高等になるとゲノムDNAサイズが大きくなるので、放射線感受性が高くなると考えられています。

第6章 放射線の生体への影響

```
              放射線障害とは

   6グレイ皮膚が被ばくすると発赤  ┐
                                    │ 確定的影響
   7グレイ全身被ばくすると死亡    ┘


   被ばく数年から数十年後に発がん    確率的影響


   放射線障害は確定的影響と確率的影響に分けられる
```

　エックス線によって、皮膚が6グレイほど被ばくすると数日後にその所が赤くなり、さらに被ばく線量が多くなると水泡、びらんになります。しかし、1グレイの被ばくでは皮膚の変化は見られません。7グレイ全身被ばくすると30日以内に全員死亡します。1グレイ全身被ばくでは死亡することはありません。このように、被ばく後数日から数十日で現れる障害を専門用語では**確定的影響**といいます。**この確定的影響とはある線量までは影響は出ないが、その線量を超えると全部(100％)に影響が出るそのような障害**です。

　一方、被ばく数年から数十年後にがん（白血病を含む）が発生することがあります。被ばく線量に比例してがん発生が多くなると考えられています。

　生殖腺（睾丸、卵巣）が被ばくした場合は線量に比例して、将来、子孫に遺伝性影響が出る可能性があると考えられています。この被ばくによるがん発生と遺伝性影響を専門用語で**確率的影響**といいます。**確率的影響とは、被ばくしたもの全部に影響が出るのではなく、被ばくしたもののうち何パーセントかに影響が出るような障害で、被ばく線量に比例して発生（影響）が多くなる障害**です。

　放射線障害はここに述べた確定的影響と確率的影響に分けられます。

第6章　放射線の生体への影響

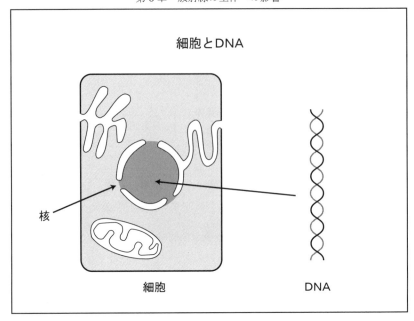

　図に細胞と DNA を描きました。
　細胞には核があり、核の内に DNA があります。DNA は図のように二重らせんの形をしています。人の細胞では核内の DNA を直線に延ばせば、1つの細胞当たり約2メートルになります。人には60兆個の細胞があり、これを合計すると 1200 億キロメートルになります。DNA のなかに遺伝情報が書き込まれており、細胞のなかで最も重要な器官です。**人が放射線に被ばくして死亡するのは放射線によりDNAが破壊され、細胞が死滅するからです。**放射線は DNA の二重らせんを一本切断する場合と二本とも切断する場合があります。切断されたら直ちに細胞死に至るのではなく、かなりの部分は修復され元通りに回復します。（P.86 参照）。

第6章　放射線の生体への影響

放射線によるDNAの単鎖および二重鎖切断

A　（正常なDNA二重ラセン構造図）

B　（単鎖切断のDNA図）

C　（二重鎖切断のDNA図）

放射線生物学第4版：E.J.Hall 著　浦野宗保訳　篠原出版　1995年発行より改変

　「A」は正常なDNAの二重ラセン型を平面的に示したものです。
　「B」はDNAの**単鎖切断**（1本の鎖が切断された場合）を示しています。
　「C」はDNAの**二重鎖切断**（2本の鎖が切断された場合）を示しています。
　単鎖切断の方が二重鎖切断よりも10倍起こりやすいと考えられています。
　なお、図中のAはアデニン、Tはチミン、Cはシトシン、Gはグアニンというう DNAの構成に重要な化合物です。DNAのなかではAはTと、CはGと水素結合しています。
　DNAの損傷にはこの他にもいくつかありますが、この単鎖切断、二重鎖切断が主な損傷です。DNAは切断されても修復されます。単鎖切断の場合は簡単に修復されますが、二重鎖切断の修復は困難で非常にゆっくりと修復されます。（P.86参照）

第 6 章　放射線の生体への影響

```
        DNAは修復される？


     DNA単鎖切断の修復
        10分        50%
        60分        約100%


     DNA二重鎖切断の修復
        100分       50%
        280分       約80%
```

　DNA単鎖切断の場合：マウスの細胞にエックス線を 100 グレイ照射後、10 分間培養皿で培養すると 50 パーセントが修復され、60 分間培養すると 100 パーセント近くが修復されます。
　DNA二重鎖切断の場合：マウスの細胞にエックス線を 200 グレイ照射後、100 分間培養すると 50 パーセントが、280 分間培養すると約 80 パーセントが修復されます。このような修復を**再結合修復**といいます。
　DNA 単鎖切断は修復されやすいですが、それに比べ二重鎖切断は非常に修復されにくいのです。**修復したつもりでも小さなエラーがある場合は、後で何らかの影響（がんなど）が出てくる可能性があります。**
　これらはマウスの細胞での実験結果ですが、我々の体でも同じようなことが起こっていると考えられます。

第6章 放射線の生体への影響

被ばくと発がん

被ばく線量に比例して発がんが多くなる

100人の人が平均1.0シーベルト被ばく

- 5人が致死がんにかかる
- 子孫に1人の重篤な遺伝性障害

被ばく線量が10分の1に減少すれば致死がんの発生も、
重篤な遺伝性障害の発生も10分の1に減少する

放射線に被ばくすると発がんの可能性があります。
　100人の人が平均して1.0シーベルト（1000ミリシーベルト）被ばくすれば、5人が致死がんに罹り、子孫に1人の重篤な遺伝性障害が起こるとされています。ただし、遺伝性障害は生殖腺（男性は睾丸、女性では卵巣）が被ばくした場合です。
　被ばく線量が10分の1に減少すれば、致死がんの発生も重篤な遺伝性障害の発生も10分の1に減少します。

第6章 放射線の生体への影響

臓器・組織の放射線感受性

感受性	組織
非常に高い	造血組織(骨髄,リンパ組織),生殖腺
高い	小腸,皮膚,水晶体
中程度	内臓(肝臓,腎臓,脾臓など),唾液腺
低い	甲状腺,筋肉,血管,結合組織,脂肪組織
非常に低い	神経組織(神経,脳),骨

　身体内の細胞の種類や臓器・組織の種類によって放射線に対する感受性が異なります。放射線に対して感受性が非常に高い(放射線に非常に弱い)から感受性が非常に低い(放射線に抵抗性がある)の5段階に分けてみると表のようになります。

　造血組織(赤血球、白血球、血小板などを製造している組織)や生殖腺(男性では睾丸、女性では卵巣)は放射線感受性が非常に高く(放射線に非常に弱い)、次いで小腸、皮膚、眼の水晶体は感受性が高く、内臓や唾液腺は中程度であり、甲状腺、血管などは感受性が低く、神経組織や骨は感受性が非常に低い臓器・組織です。

　よって、**造血組織や生殖腺は放射線感受性が高いので、被ばくしないように特に注意する必要があります。**

第6章 放射線の生体への影響

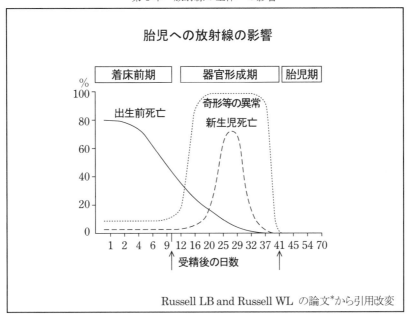

Russell LB and Russell WL の論文*から引用改変

　Russell LB and Russell WL が発表した有名な研究で、マウスの妊娠の各期にエックス線を2グレイ照射したときに見られる胎児への影響から、人に該当する日数を求めました。

　人では**器官形成期**（受精後10日～41日）に被ばくすると、奇形が発生する可能性があります。新生児死亡もこの期間に重なります。着床前期の被ばくでは胎児死亡の可能性があります。胎児期になると奇形、新生児死亡はありません。

　大事故か、がんの放射線治療以外ではこのような大量被ばくはありません。**奇形児発生、新生児死亡の起こる最低線量（しきい値と言います）は0.1グレイ**とされています。

　胎児は成人に比べて、放射線感受性が高いので、胎児の放射線被ばくは避けるべきです。

* Russell,L.B.,Russell,W.L. : An analysis of the changing radiation response of the developing mouse embryo. J.Cellular comp.Physiol.,43 (Suppl.1) : 103,1954

第6章 放射線の生体への影響

第6章のまとめ

放射線は危険である
動物は種が高等になるほど放射線感受性が高くなる
　放射線障害
　　確率的影響　-----　発がん、遺伝性障害
　　確定的影響　-----　確率的影響以外の障害
　細胞死　--------　細胞内のDNAの破壊
　DNAの再結合修復　---　単鎖切断の修復
　　　　　　　　　　　　　二重鎖切断の修復
100人の人が平均1.0シーベルト被ばくした場合の致死がんの発生は5人、重篤な遺伝性障害は1人
臓器・組織によって放射線感受性が異なる
胎児の放射線被ばくは避けるべきである

　動物は種が高等になるほど放射線感受性が高くなります。放射線感受性はゲノムDNAサイズに依存すると考えられています。
　確率的影響（発がん、遺伝性障害）は被ばく線量に比例して多くなります。そのため被ばく線量はできるだけ少なくすべきです。
　確率的影響以外の放射線障害が確定的影響です。確定的影響は一定線量を超えて被ばくすると、被ばく数日から数十日後に被ばくした全員に影響が出ます。
　放射線障害はDNAの損傷によりますが、主なものはDNAの単鎖切断と二重鎖切断です。切断されたDNAの多くは修復されますが、修復のさい、小さなエラーがあると後でがんなどの原因となる可能性があります。
　100人の人が平均1.0シーベルト被ばくすると5人が致死がんにかかり、子孫に1人の重篤な遺伝性障害が発生するとされています。
　身体内の細胞の種類や臓器・組織の種類によって、放射線感受性が異なります。造血組織や生殖腺は放射線感受性が高いので、被ばくしないように特に注意する必要があります。
　胎児は成人に比べて、放射線感受性が高いので、胎児の放射線被ばくは避けるべきです。

第 7 章 避けたい放射線、放射能

第7章　避けたい放射線、放射能

放射線障害の歴史

エックス線による皮膚障害	1896年
放射線皮膚がん	1900年代初
放射線による血液の障害	1910年代
夜光時計文字盤工場での放射線障害	1920年代
胎児の放射線障害	1920年代
鉱山労働者の肺がん	1924年

　放射線、放射能は人にとってなくてはならないものですが、人に障害をもたらすこともあります。エックス線の発見の時から1920年代までの主だった放射線障害を年代を追って紹介します。
- レントゲン博士によるエックス線の発見の数カ月後の1896年4月にはエックス線を取り扱っている人たちに脱毛、発赤、腫脹、水疱、口内の水疱発生。
- 1902年にはエックス線管の製造工場で作業員の手に放射線皮膚炎が生じ、潰瘍からがんが発生し、右腕の切断。
- 1911年には放射線科医など放射線取扱者に再生不良性貧血などの血液の障害が発生および将来白血病になる可能性に言及。
- 1923年には蛍光塗料の中に少量のラジウムを混合した夜光塗料（P.22参照）で時計の文字板を作る文字盤塗装工と呼ばれた若い女性の下顎骨や上顎骨の骨髄炎。1928年にはこの文字盤塗装工の骨肉腫。
- 1920年になると、妊娠中絶や子宮筋腫の治療の目的で、下腹部にエックス線照射を受けた後に、小眼球を伴った小頭症の子供を出産。またエックス線は妊娠に対して有害であること、妊娠の最初の数日および数週間の女性にとって、特に有害であり、照射の結果、流産。
- シュネーベルグ鉱山やヨアヒムスタール（チェコ語でヤヒモフ）鉱山の鉱夫に肺疾患の多いことが古くから知られていたが、1924年になってこの肺がんの原因がラドン（Rn－222など）に関連があると論じられた。

放射線、放射能は人に負の面も持つことに留意することが必要です。

第7章 避けたい放射線、放射能

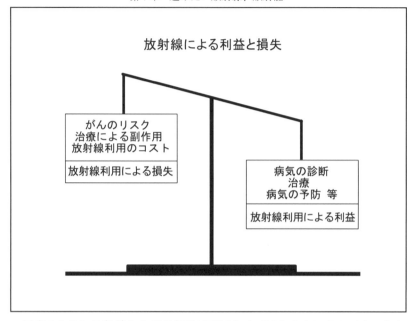

　医療のために放射線および放射性元素はなくてはならないものです。しかし、それらによる危険性も十分に考慮する必要があります。当然のことながら、**利益が損失よりも大きい場合に使用**するものです。
　そこで、利益と損失（経済的な費用も含めます）を十分検討して放射線や放射性元素は使用することが大切です。
　医療に限らず、人為的に放射線を利用しようとする場合には
1) 不必要な放射線被ばくを避ける。
2) 被ばくする線量、被ばくする人の数をできるだけ少なくする。
3) 一人一人の個人の線量は、法令などに定められた上限を超えないようにする。

この1)〜3)の条件は必ず守らなければなりません。
　放射線診断や治療の際の患者の被ばく線量に対しては上記3)の被ばく線量の上限は定められていません。この理由は診断や治療に必要とされる線量は患者によって異なり、一律に値を決めることができないからです。
　国連科学委員会では、**放射線誘発白血病の発生率は30才代の成人に対して、10才以下の子供は4倍以上高い**ことを報告しています。このようにがんの発生率は年齢によって異なることにも注意しなければなりません。

第7章 避けたい放射線、放射能

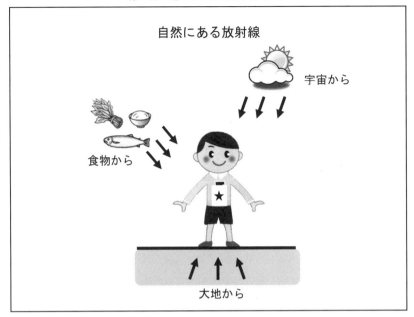

　私たちは**大地**や**宇宙**、**食べ物**などから、ごくわずかですが、常に放射線を受けています。地中の放射性元素から発生した放射線が地表に出てくるものを**大地放射線**または**大地ガンマ線**と呼んでいます。
　岩石、とくに**花崗岩質**には**ウランやカリウム**などの自然放射性物質が多く含まれているため、この様な地質からは放射線が多く放出されています。
　中部地方の山岳地帯は花崗岩が直接地表に露出しているところが多いため、放射線強度が強くなります。
　関東地方は多量の火山灰が積もった火山灰堆積地のため、放射線強度が弱くなっています。
　我々は宇宙からくる放射線（宇宙線）でも被ばくしているのです（P.152参照）。食物からの放射線については次のページで述べます。

第7章 避けたい放射線、放射能

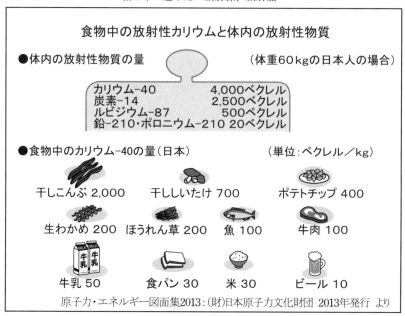

体内や食物中には**カリウム-40**という**放射性元素**が最も多く含まれています。
　図は食物1キログラム中のカリウム－40の放射能をベクレルの単位で表わしています。干しものには水分がほとんどないので、1キログラム当たりの放射能は多くなります。
　体重60キログラムの人の体内にはおよそ7,000ベクレルの放射能が含まれております。その中で最も多いのがカリウム－40の4,000ベクレル、ついで炭素－14の2,500ベクレル、ルビジウム－87の500ベクレル、鉛－210、ポロニウム－210の20ベクレルです。普通に生活しているとこの程度の放射能が我々の体内にあるのです。**体内の脂肪部分にはカリウム－40はほとんど含まれていません。**そこで、体内のカリウム－40のガンマ線の量を計り、体重で割って、その値が小さければ体内の脂肪が多いのです。
　天然のカリウムの中にはカリウム－40（K－40）が0.012％含まれています。K－40は12.5億年という非常に長い物理的半減期の放射性元素でベータ線とガンマ線を放出しています。動物にとっても植物にとってもカリウムは必須元素です。60キログラムの人では120グラムのカリウムが体内にあり、この中の0.014グラムは放射性カリウム（K－40）なのです。
　我々の体内ではカリウムは主に細胞の内部、すなわち細胞内液中に含まれ、重要な生理作用に関与しています。

第7章 避けたい放射線、放射能

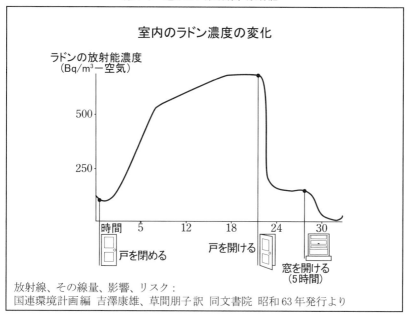

放射線、その線量、影響、リスク：
国連環境計画編 吉澤康雄、草間朋子訳 同文書院 昭和63年発行より

　図は室内の**ラドン濃度**の上昇と戸を開けた場合と、さらに窓を開けた場合の室内のラドン濃度の低下を示しています。

　さて、ラドン（元素記号ではRn）ですが、空気よりも7.5倍も重い気体です。ラドンにはウラン－238（U-238）から6回の崩壊を経て生成される**ラドン－222**（物理的半減期3.8日）と、トリウム－232（Th-232）から5回の崩壊を経て生成される**ラドン－220**（物理的半減期55秒、**トロン**とも言います）とがあります。

　これらのラドンは気体であるので呼吸によって肺に入ります。一部は肺に残り、アルファ線を放出して、ラドン－222はポロニウム－218（Po－218）に、ラドン－220はポロニウム－216（Po－216）になって肺に吸着し、両者とも数回の崩壊を経て安定な鉛になるまで放射線を出し続けます。このため、**ラドンは肺がんの原因**となるので、室内では換気をよくしてラドンの濃度を下げることが必要です。

　花崗岩や軽石などはラドンを放出するので、これらを含むコンクリートや建築材料からはラドンの放出が多いのです。

第7章 避けたい放射線、放射能

日本と世界の1年間の被ばく線量

(単位 ミリシーベルト)

	世界平均	日本平均
外部被ばく		
宇宙線等	0.38	0.30
大地放射線	0.48	0.33
内部被ばく (K-40, 等)	1.54	1.46
計	2.40	2.09

60キログラムの人は約7,000ベクレルの放射性物質が体内にあります

　日本と世界の自然放射線による1人あたりの被ばく線量を示しています。
　自然放射線による被ばくは宇宙線など空から来る外部被ばくと、大地から来る放射線による外部被ばくと、我々の体内にある放射性物質(P.96参照)による内部被ばく(食物から摂取されるものもこれに含まれます)に分けられます。その合計が**日本での平均は2.09ミリシーベルト(mSv)、世界での平均は2.4ミリシーベルト(mSv)**と言われています。
　表に示すように、宇宙線などによる外部被ばく、大地放射線による外部被ばくよりも我々の体内にある放射性物質(放射性元素)による内部被ばくの方がはるかに多いのです。

　外部被ばく(または**体外被ばく**)とは、体外から放射線を浴びて被ばくすることです。
　内部被ばく(または**体内被ばく**)とは、自身の体内にある放射性物質から放出される放射線で被ばくすることです。

第7章 避けたい放射線、放射能

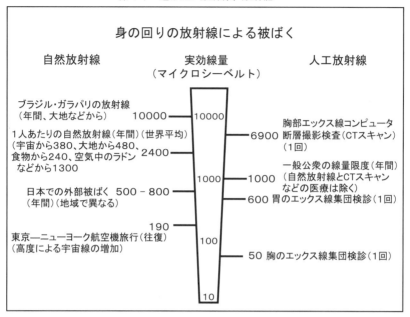

東京、ニューヨークを飛行機で往復すれば、自然放射線で190マイクロシーベルト（μSv）被ばくします。

国内で、自然放射線被ばく（内部被ばくを除く）の一番少ない神奈川県では約500マイクロシーベルト、一番多い岐阜県では約800マイクロシーベルトです。

一人当たりの1年間の自然放射線の被ばく線量は世界平均で2400マイクロシーベルト、日本平均は2090マイクロシーベルトです。ブラジル・ガラパリでは10000マイクロシーベルトと非常に高いのです。

人工放射線では胸のエックス線集団検診（1回）で50マイクロシーベルト、胃のエックス線集団検診（1回）で600マイクロシーベルト、一般公衆の線量限度（年間）は医療被ばくを除いて1000マイクロシーベルトです。1回のエックス線CTは6900マイクロシーベルトです。

蛇足ながら、1.0シーベルト（Sv）＝1000ミリシーベルト（mSv）＝1000000マイクロシーベルト（μSv）です。

第7章 避けたい放射線、放射能

第7章のまとめ

放射線障害	1896年以降、放射線と放射能による数々の障害が報告された
放射線の利用	利益が損失より大きいときに利用
自然放射線による被ばく（日本／年間）	宇宙線から0.30ミリシーベルト 大地から0.33ミリシーベルト 体内から1.46ミリシーベルト
体内の放射性物	カリウム−40　　　4000ベクレル 炭素−14　　　　　2500ベクレル ルビジウム−87　　 500ベクレル ポロニウム−210　　 20ベクレル 鉛−210　　　　　　20ベクレル
室内のラドン濃度	肺がんの原因となるので換気して濃度を下げる
日常生活と放射線	自然放射線と人工放射線に被ばくしている

　放射線、放射能は人にとってなくてはならないものですが、人に障害をもたらすこともあります。放射線を使用するさいは、被ばくはできるだけ少なくするべきです。

　放射線利用による利益と損失を考慮して利益が損失よりも大きいときにのみ、放射線を利用すべきです。

　我々は宇宙（0.30ミリシーベルト）から、大地（0.33ミリシーベルト）から、食物など（1.46ミリシーベルト）から放射線を受けています。

　食物から体内に取り込まれた主な放射性物質はカリウム−40（4000ベクレル）、炭素−14（2500ベクレル）、ルビジウム―87（500ベクレル）などです。

　体重60キログラムの人の体内には約7000ベクレルの放射能があります。

　室内には空気より重い気体のラドン（Rn-222、Rn-220）が溜まるので、空気を入れ替える必要があります。ラドンを呼吸によって肺に吸入すると、ラドン-222はポロニウム−218（Po-218）に、ラドン-220はポロニウム−216（Po−216）になって肺に吸着し、両者とも数回の崩壊を経て安定な鉛になるまで放射線を出し続け、肺がんの原因になります。そのため、室内では換気をよくしてラドン濃度を下げることが必要です。

　人工放射線の被ばくは必要最少限にすべきです。

第四部 原子力発電

第８章 原子核分裂の発見

ウラン－235の核分裂

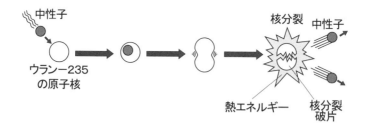

108ページ参照

第8章　原子核分裂の発見

原子核分裂の発見者

ハーン(右)と共同研究者のマイトナー
ハーンとシュトラスマンが発見　1939年(昭和14年)
X線からクォークまで：エミリオ セグレ 著 久保亮五、矢崎裕二 訳
みすず書房2009年発行より

　1939年(昭和14年)、ハーン(Otto Hahn 1874-1968)とシュトラスマン(Fritz Strassmann 1902-1980)はウラン-235を中性子で照射すると原子核分裂が起こることを発見しました。写真のマイトナー(Lise Meitner 1878-1968)はハーンと共同で研究し、原子核分裂の発見にきわめて重要な役割を果たしましたが、ナチスの手から逃れざるをえなくなり、原子核分裂の発見の数か月前にスウェーデンに逃れていて、この発見者にはならなかったのです。
　原子番号109番の新元素がドイツの重イオン研究所で初めて合成されたとき、この女性科学者マイトナーにちなんで、この109番元素はマイトネリウム(元素記号はMt)と命名されました。

第8章 原子核分裂の発見

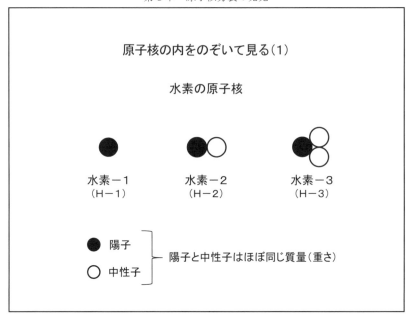

　原子は中心に原子核があり、質量（重さ）の99.9％以上は原子核内にあると述べました（P.26参照）。ここで一番簡単な水素の原子核をのぞいてみます。水素といえば、陽子は1個です。図に示すように、陽子1個のみの水素－1（H－1）と、陽子1個に中性子が1個加わる水素－2（H－2）と中性子が2個加わる水素－3（H－3）の3種があります。陽子と中性子はほぼ同じ質量（重さ）です。

　私たちのまわりにある水素のほとんどは水素－1（軽水素ともいいます）で、少量の水素－2（重水素）が混合しています。水素－1と水素－2は安定であり、放射線は放出しません。水素－3（三重水素またはトリチウムともいいます）は人工的に造るものですが、陽子に比べて中性子が多くて不安定なため、安定になろうとします。そのため、ベータ線（マイナス電子）を放出して中性子が陽子に変わり、その結果、陽子2個と中性子1個の原子核になり、安定になります。この安定化した原子核はヘリウム（He－3）の原子核です。水素－3はベータ線を放出してヘリウム原子に変わったのです。陽子が1個の場合は水素、2個の場合はヘリウムですが、どの元素も水素の例に見るように、中性子を含んだ仲間（**同位元素**または**同位体**といいます）があります。

　同位元素の中には安定なものと、水素－3のように放射線を放出して安定になろうとするものがあります（P.151参照）。

第8章　原子核分裂の発見

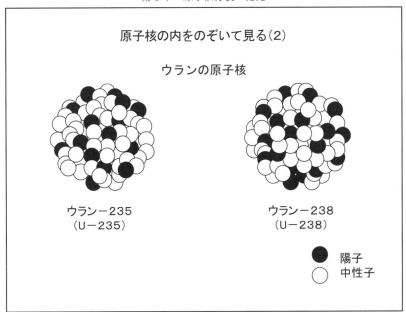

　原子核は陽子と中性子とから構成されていると前ページで述べました（H－1は例外）。
　ウランにもいくつかの仲間（同位元素）がありますが、その中でよく話題になる**ウラン－235（U－235）とウラン－238（U－238）**の原子核に注目してみます（P.117参照）。
　ウラン－235は陽子が92個と中性子が143個からなり、その合計が235個になります。**ウラン－238は陽子が92個と中性子が146個**で合計238個になります。ウラン－235の原子核に中性子を衝突させると、この原子核は2つに割れます。この現象を発見したのがハーンとシュトラスマンです（P.105参照）。このとき莫大なエネルギーが放出されるのです。ウラン－238は原子核分裂はしません。
　ウラン－235の他にもプルトニウム－239（Pu－239）のように原子核に中性子を衝突させると原子核分裂する元素があります。

第 8 章 原子核分裂の発見

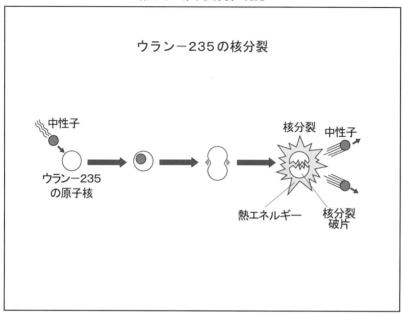

図に示すように、**ウランの原子核分裂はウラン−235の原子核に中性子が衝突すると、この原子核が中性子を取り込み、原子核がラグビーボールのように楕円形に変形し、続いて、ひょうたんのように中がくびれ、最後に2つに核分裂する現象**です。この時大きな核分裂破片が2個と、2〜3個の中性子が放出されると同時に**大量の熱エネルギー**と**放射線**が放出されます。図に示すこの大きな核分裂破片には**数十種類の放射性元素**が含まれています。このとき、**ウラン−235の1個あたり約200メガエレクトロンボルト（約7.6×10^{-12}カロリー）**という莫大なエネルギーが放出されます。

原子核分裂で放出された中性子の1個が他のウラン−235の原子核を分裂させ、これが継続して行われるようにした装置が原子炉です。

第 8 章 原子核分裂の発見

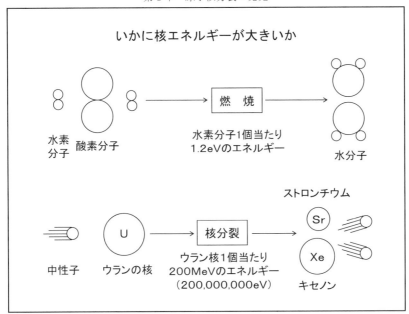

　水素が燃えて(酸素と化合して)水になるときに発生するエネルギーを考えてみます。
　図のように 2 個の水素分子が 1 個の酸素分子と反応して 2 分子の水ができます。このときに発生するエネルギー(化学エネルギー)は水素分子 1 個当たり 1.2 eV (エレクトロンボルト) です。
　これに対し、ウラン－235 の核分裂ではウランの核 1 個あたり約 200 MeV (メガエレクトロンボルト 200,000,000 eV) のエネルギー(核エネルギー)が発生します(前ページ参照)。水素分子 1 個が燃焼した場合の**化学エネルギー**が 1.2 eV であるので、**核エネルギー**＊がいかに大きいかがわかります。

＊　1 グラムのウランが核分裂した場合に、核分裂で生じた核分裂片と放出された中性子の重量を加え合わせると、約 0.999 グラムに減少しています。この差の約 0.001 グラムがエネルギー (約 2×10^{10} cal) に変換されたのです。質量(重さ)とエネルギーとの換算はアインシュタインの式で簡単に計算できます。

第8章　原子核分裂の発見

```
             原子炉とは

  制御しながら原子核分裂の連鎖反応をさせる装置

      核分裂性原子
      （ウラン－235など）
          ↓
      制御しながら原子核分裂させる
          ↓
      発生する
       ┌ 熱   ┐
       │ 中性子 ├ の利用
       └ 核分裂片 ┘

    熱      原子力発電など
    中性子    有用な放射性元素の製造など
    核分裂片   有用な放射性元素の分離
```

原子炉入門：鶴田隆雄 著
通商産業研究社 2009 年発行より

　原子炉とはウラン－235 のような核分裂性原子の原子核分裂で生じる大量の熱や中性子などを利用するために、原子爆弾のように多くの原子が急激に核反応を起こさないように**制御された状態で、連続的に原子核分裂（連鎖反応）を起こさせる装置**です。

　熱エネルギー利用の代表的なものは**原子力発電**です。

　多量に放出される中性子を利用して、**有用な放射性元素が製造**されます。以前にがんの治療によく利用されたコバルト－60 は、非放射性のコバルトに中性子を照射して放射性のコバルト－60 としたものです。

　核分裂片の中には医療や科学の研究に貴重な放射性元素が含まれています。ヨウ素－131 は核医学で甲状腺機能亢進症や甲状腺がんの治療（P.72 参照）に使われますが、核分裂片から分離することができます。核医学で多量に使用されるモリブデン－99 も**核分裂片から分離精製**して使用されています。

第8章　原子核分裂の発見

第8章のまとめ

1939年　ハーンとシュトラスマンはウラン－235の原子核分裂を発見

水素の原子核
陽　子	1	1	1
中性子	0	1	2
	水素－1	水素－2	水素－3（放射性）

ウランの原子核
陽　子	92	92
中性子	143	146
	ウラン－235（核分裂性）	ウラン－238

ウラン－235に中性子が衝突　┌ 2個の核分裂片と中性子（2～3個）
　　　　　　　　　　　　　├ 大量のエネルギー（約200MeV）
　　　　　　　　　　　　　└ 大量の放射線

核エネルギー────化学エネルギーに比べてけた違いに大きい
原子炉　　　────制御しながら原子核分裂の連鎖反応をさせる装置

　1939年（昭和14年）ハーンとシュトラスマンはウラン－235を中性子で照射すると原子核分裂が起こることを発見しました。
　一番簡単な水素の原子核は、陽子が1個のみの水素－1（H－1）とこれに中性子が1個加わる水素－2（H－2）と中性子が2個加わる水素－3（H－3）の3種があります。水素－1と水素－2は安定（放射線を放出しない）ですが、水素－3は不安定であり、中性子からベータ線を放出してヘリウムの原子核になり安定化します。
　ウランの原子核は陽子は92個です。これに中性子143個が加わったウラン－235（U－235）は核分裂性であり、原子力発電の燃料や原子爆弾に使われます。中性子が146個のウラン－238（U－238）は核分裂性ではないので、原子力発電の燃料や原子爆弾には使用できません。ウラン－235に中性子が衝突すると原子核は2つに分裂し、同時に2～3個の中性子が放出されます。この時、大量のエネルギーと放射線が放出されます。核分裂片には数十種類の放射性元素が含まれています。この原子核分裂でウラン－235の1個当たり約200メガエレクトロンボルト（約7.6×10^{-12}カロリー）のエネルギーが放出されます。化学エネルギーに比べ、けた違いに大きいのです。
　原子炉とは制御しながら原子核分裂の連鎖反応をさせる装置で、熱の利用、中性子による有用な放射性元素の製造、核分裂片から有用な放射性元素の分離、精製などに利用されます。

第9章 原子力発電

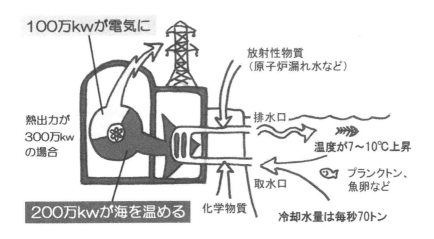

原発ゼロ世界へ ―ぜんぶなくす―：小出裕章著　エイシア出版
2012年発行より

第9章 原子力発電

```
                    原子力発電
  原子核分裂によるエネルギー  ⟶  水の加熱  ⟶
  タービンを回転  ⟶  発電


      ウラン－235  1グラムからの発生エネルギー
        石油  2000リットル  ⎫
        石炭  3トン        ⎬ のエネルギーに等しい
                          ⎭

  大量の放射線、使用済み核燃料（放射性物質）が発生
  事故が起これば、広範囲に放射能汚染の可能性
```

　原子力発電は原子核分裂で発生する大量の熱エネルギーで水を水蒸気とし、この水蒸気でタービンを回転して発電します。

　原子力発電には主に**ウラン－235**（P.117参照）を燃料として使用します。**ウラン－235　1グラムから得られるエネルギーは石油では2000リットル、石炭では3トンから得られる**エネルギーに等しいのです。大量の熱エネルギーが得られる点は大変良い点です。しかし、大量の放射線が発生することと**使用済み核燃料（放射性物質）が発生**する点は非常に厄介なことです。原子力発電所が正常に運転されている時には放射線は十分に遮へいされていて安全です。正常に運転していても使用済み核燃料が必ず溜まるのが大きな問題です。

　事故が起きれば、旧ソ連の**チェルノブイリ原発事故**や**福島第一原発事故**のような取り返しのつかない広範囲の放射能汚染が起こる可能性があります。

第9章 原子力発電

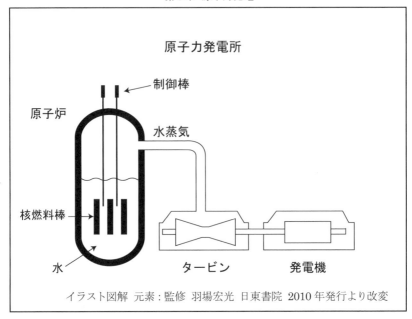

イラスト図解 元素：監修 羽場宏光 日東書院 2010年発行より改変

　原子力発電は原子炉の部分でウラン-235の原子核分裂（P.108参照）で生じる大量の熱で水を加熱して水蒸気を発生させます。この水蒸気でタービンを回転させ、発電機を廻して発電します。

　原子炉の中には**核燃料棒**（ウラン-235を約4パーセントに濃縮したものを封入、残り96パーセントはウラン-238）と原子核分裂を抑える働きをする**制御棒**があります。核燃料棒は水につかっています。この**水が原子核分裂で発生した熱で加熱され、そこで生じた水蒸気でタービンを廻して発電します**。制御棒を挿入する（この図では下へおろす）と原子核分裂は制止され、原子炉の運転は停止します。核燃料棒の内には原子核分裂で生じた放射性物質や副産物として生じた**プルトニウム-239**が大量にたまっています。

　実際の原子力発電では核燃料棒は数百本あり、大小の10万個以上の部品からなり、3割は配管（パイプ）、2割は弁（バルブ）で、その2万個もある弁も機械式弁、圧搾式弁、電動式弁と様々で、非常に複雑な機械設備です。

　原子炉で発生した熱（エネルギー）の3分の1が電力に変換され、残りの3分の2は引き込んだ海水で冷やし、海に放流されます（P.113の図）。

第9章 原子力発電

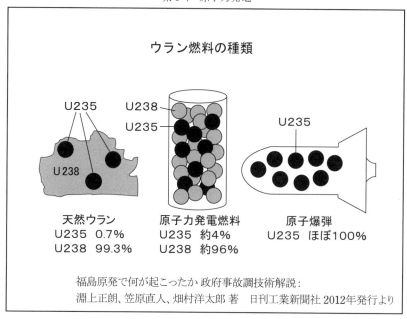

ウラン燃料の種類

天然ウラン
U235　0.7%
U238　99.3%

原子力発電燃料
U235　約4%
U238　約96%

原子爆弾
U235　ほぼ100%

福島原発で何が起こったか 政府事故調技術解説：
淵上正朗、笠原直人、畑村洋太郎 著　日刊工業新聞社 2012年発行より

　ウランは金属元素で、ウランを含む鉱石を採掘し、その鉱石から取り出します。それが**天然ウラン**です。

　天然ウランは核分裂性の**ウラン-235（U-235）0.7**パーセントと原子核分裂しない**ウラン-238（U-238）99.3**パーセントからできています。

　原子力発電の燃料にはウラン-235を約4パーセントに濃縮したものを使用します。約96パーセントは燃えない（原子核分裂しない）ウラン-238です。これに対し、同じ原料を使用した例として原子爆弾の場合はウラン-235をほぼ100パーセントに濃縮したものを使用しています。

　広島に投下された原子爆弾（**ウラン-235型原爆**）はこのウラン-235をほぼ100パーセントに濃縮したものですが、長崎に投下された原子爆弾はプルトニウム-239でできていました（P.118参照）。

第9章 原子力発電

プルトニウムができる

原子力発電の運転 ─────▶ プルトニウムの生成

プルトニウム－239は核分裂性
　　　原子力発電の燃料
　　　原子爆弾の材料

中性子　　ウラン－238　　中性子を吸収　プルトニウム－239
　　　　（燃えないウラン）

プルトニウムは化学的にも極めて毒性が強い

　原子力発電の燃料にはウラン－235を約4パーセントに濃縮したもの（残り96パーセントはウラン－238）を使用します（P.117参照）。
　このウラン－238は原子核分裂はしませんが、図に示すように中性子を1個吸収してプルトニウム－239（原子番号94　物理的半減期2.44万年）になります。
　即ち原子力発電を行っていると**副産物としてプルトニウム－239が生成**されるのです。プルトニウム－239は核分裂性なので、これを**原子力発電の燃料**にしようという考えがあります。一方、これで**原子爆弾**も作られています。長崎に投下されたのがこの**プルトニウム－239型原爆**です。
　使用済み核燃料の中にはプルトニウム－239の他にも量は少ないながらもプルトニウム－238、プルトニウム－240、プルトニウム－241、プルトニウム－242が含まれています。
　プルトニウムは放射性物質として危険であるだけでなく、化学的にも極めて毒性の強い元素です。

第9章 原子力発電

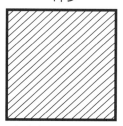

原子力発電所で使用されるウランの量

広島型原爆で原子核
分裂したウランの重量
800グラム

100万kWの原発1基が1年間
運転するごとに燃やす（原子核
分裂させる）ウランの重量
1トン

生成した原子核分裂
生成物の重量
約800グラム

生成する原子核分裂
生成物の重量
約1トン

原発ゼロ世界へ ―ぜんぶなくす―：小出裕章 著
エイシア出版 2012年発行より改変

　標準的な大きさの**原子力発電所（100万キロワット）**で1年間に使用される**ウラン－235の量は1トン（広島型原爆の1250倍）**です。原子核分裂で生成される使用済み核燃料（放射性物質）の量もほぼ同じ約1トンです。

　広島型原爆で燃えた（原子核分裂した）ウラン－235の量は800グラムです。原子核分裂生成物（放射性物質）も約800グラムです。この2つを比較してみると原子力発電所で使用されるウラン－235の量がいかに多いかがわかります。

　福島第一原発事故以前には54基の原子炉が運転中であり、年間4884.7万キロワットの発電を行っていました（P.121参照）。このため1年間に約49トンの使用済み核燃料が溜まっていたのです。

第9章 原子力発電

原子炉の内部で生じる主な放射性物質の種類

発生源		主な核種 （ ）内は物理的半減期
揮発性	核分裂	ヨウ素-131（8日）、ヨウ素-133（20.8時間） キセノン-133（5.3日）、クリプトン-85（10.8年）
準揮発性		セシウム-134（2.05年）、セシウム-137（30年） ストロンチウム-90（29.1年）
非揮発性	中性子捕獲	ルテニウム-106（368日）
		プルトニウム-239（2.44万年）、アメリシウム-241（458年） ネプツニウム-237（214万年）

　ウラン－235の原子核分裂で生成される**ヨウ素－131**、ヨウ素－133、キセノン－133、クリプトン－85は揮発性です。そのため事故の際にすぐ空気中に出てきます。

　セシウム－134、セシウム－137、ストロンチウム－90はかなり揮発しやすい元素です。セシウム－134は原子核分裂では直接には生成されず、原子核分裂で生成されたセシウム－133（非放射性）が中性子を吸収してセシウム－134となり、放射性になったものです。

　ウラン－238（原子番号92）が中性子と反応してプルトニウム－239（原子番号94）、アメリシウム－241（原子番号95）、ネプツニウム－237（原子番号93）のように物理的半減期の長い放射性元素が生成されます。

　ウラン（原子番号92）を超える原子番号の元素は**超ウラン元素**といい、天然にはほとんど存在しない元素です。

　化学的毒性の非常に強いプルトニウム－239やアメリシウム－241、ネプツニウム－237のような物理的半減期の長い**超ウラン元素が原子炉の内部で生成**されるので後の処理が大変です。

第9章 原子力発電

日本の原子力発電

	基 数	合計出力（万キロワット）
運転中	54	4884.7
建設中	2	275.6
着工準備中	12	1655.2
合計	68	6815.5

2010年3月のデータ

　2010年3月の時点で、54基の原子力発電所が運転中（定期検査で停止中を含む）で、その発電能力は**4884.7万キロワット**でした。さらに建設中は2基、着工準備中は12基でした。

　2005年度の原子力発電所の発電量は**総発電量（火力、水力、原子力）の約31.0パーセント**でした。

第9章 原子力発電

原発は安くない

発電のコスト(単位:円/キロワット時)

	発電に直接要するコスト	政策コスト		合計
		研究開発コスト	立地対策コスト	
原 子 力	8.53	1.46	0.26	10.25
火　　力	9.87	0.01	0.03	9.91
水　　力	7.09	0.08	0.02	7.19
一般水力	3.86	0.04	0.01	3.91
揚　　水	52.04	0.86	0.16	53.06

表の発電コストは1970年度～2010年度の平均

　原発は低いコストで発電できると言われておりましたが、立命館大学教授（経済学博士）大島賢一氏は"原発のコスト―エネルギー転換への視点"という著書（岩波書店　2012年　大佛次郎論壇賞受賞）の中で、発電コスト（1970～2010年度の平均）を比較しています。

　それによると、上の表のように水力、火力よりも**原子力の方が高コスト**なのです。原子力発電の政策コストの中の研究開発コストは日本原子力研究開発機構の運営費などであり、立地対策コストとは、電源三法に基づく電源立地地域に対する交付金で、いわば迷惑料の支払いです。この他に、**バックエンドコストとして莫大な費用が将来へのツケとして残ります**。バックエンドコストとは使用済み核燃料の処分や廃炉にかかる費用で、まだ人類で未経験のことが多くあり、正確な予想は不可能なのです。

　表の中の揚水とは、揚水式発電のことで、深夜などに生じる余剰電力で、上の貯水池にくみ上げ、需要の大きい昼間などに水を再利用する水力発電です。

第9章　原子力発電

```
          使用済み核燃料はどれだけあるか


      広島原爆に換算して －－－－－120万 発分
                              17,000 トン


   ┌── 一部処理済み －－－－－プルトニウム－239　48トン
   │                                   （原爆 6,000発分）
   │
   ├── 各原子力発電所の敷地内に一時貯蔵
   │
   └── 一部は青森県六ヶ所村に中間貯蔵
```

　使用済み核燃料は**広島原爆に換算して120万発分、17000トン**が溜まっています。一部はイギリスとフランスで再処理してもらい、**プルトニウム－239を48トン**回収しています。これは**原子爆弾6000発分**（1発分は8キログラム）に相当します。高速増殖炉というタイプの原子力発電所で使用するつもりですが、高速増殖炉はうまくいっていません。外国では、日本がこのプルトニウム－239で原子爆弾を作るのではないかと心配しています。

　使用済み核燃料の大部分は、各原子力発電所の敷地内で水で冷やしながら一時貯蔵しています。一部は、青森県六ヶ所村で中間貯蔵しています。

第9章 原子力発電

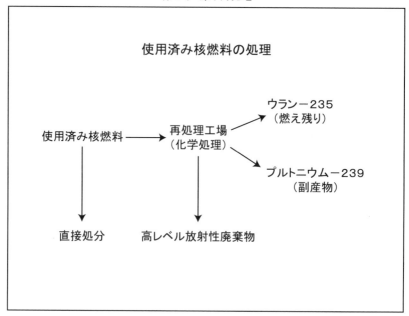

　現在、日本で予定されている処理方法は、使用済み核燃料を再処理工場で化学処理して、燃え残りのウラン－235と副産物として生じたプルトニウム－239を取り出します。これは**原子力発電の燃料として再び使用するつもりです**(**核燃料サイクル**といいます)。
　再処理工場から出た**高レベル放射性廃棄物はガラス固化体としてステンレス製の容器**(**キャニスター**といいます)**に詰めて地下処分の予定です**(P.126参照)。
　一方、使用済み核燃料の直接処分も考えられています(**ワンススルー方式**といいます)。
　使用済み核燃料を再処理して利用したり、核廃棄物を処理したりすることを**バックエンド事業**といい、このときに要する費用を**バックエンドコスト**といっています。バックエンド事業には、莫大な費用と極めて大きな困難が横たわっています。
　プルトニウム－239はウラン－235のように原子核分裂する核種なので、日本では使用済み核燃料から取り出したプルトニウムを原子力発電の燃料にしようと考えています。しかしながら、種々の事情を考慮すると、プルトニウム－239の方がウラン－235よりも経費が多くかかるので、再検討が必要になっています。このようにして造ったプルトニウム－239を原子爆弾に使用しようという国もあります。

第9章 原子力発電

低レベル放射性廃棄物の処理

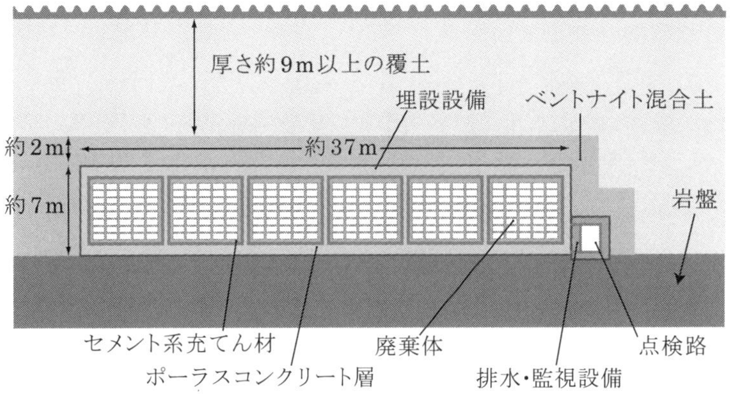

厚さ約9m以上の覆土
埋設設備
ベントナイト混合土
約2m
約37m
約7m
岩盤
セメント系充てん材
ポーラスコンクリート層
廃棄体
排水・監視設備
点検路

原子力・エネルギー図面集2013：(財)日本原子力文化財団 2013年発行より改変

　原子力発電所等から出てきた放射能汚染の程度の低い廃棄物を低レベル放射性廃棄物と言います。
1. **焼却処理**：燃える放射性廃棄物は焼却して体積を減じます。
2. **圧縮処理**：燃えない放射性廃棄物は圧力をかけて圧縮します。
3. **蒸発処理**：液体状の放射性廃棄物は蒸発濃縮し、セメントやアスファルトで固めて固体廃棄物にします。

　これらの処理を終わったものを200リットルの黄色のドラム缶に詰めて、一時的に原子力発電所の敷地内の低レベル放射性廃棄物保管庫に保管します。
　現在、青森県六ケ所村にある図のような**低レベル放射性廃棄物埋設施設で、これらの廃棄物は受け入れが行われています。**
　100万キロワットの原子力発電所を1年間運転すると、低レベル放射性廃棄物のドラム缶が500本ぐらいできます。

第9章 原子力発電

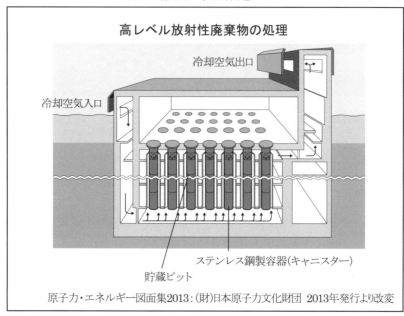

高レベル放射性廃棄物の処理

原子力・エネルギー図面集2013：(財)日本原子力文化財団 2013年発行より改変

　日本の原子力発電所で生じた使用済み核燃料は広島原爆の**120万発分**、**17000トン**が溜まっています。
　高レベル放射性廃棄物とは使用済み核燃料から出てくる非常に放射能レベルの高い廃棄物です。
1. 使用済み核燃料を処理し、燃え残りのウラン－235や副産物として生じたプルトニウム－239を取り出した残りが高レベル放射性廃液になります。
2. 高レベル放射性廃液をグラスウール（繊維状のガラス）に浸みこませ、ガラス熔融炉の中で1,100℃～1,200℃に加熱します。水分は全部蒸発し、核分裂生成物はドロドロになった熔融ガラスの中に溶け込みます。これをステンレス製の容器（キャニスター）の中に流し込んで、ガラス固化体にします。このガラス固化体は100万キロワットの原子力発電所で、1年間に30本くらいできます。
　これらの**キャニスターは安定した地盤の地下数百メートルより深い地層に図のような施設を設けて収納し、10万年の間、管理する**とされています（P.127参照）。日本をはじめ、ほとんどの国で、高レベル放射性廃棄物を収納する場所の建設は進んでおりません。
　使用済み核燃料の処理の問題はほとんど解決できない難問を将来に残しました。まずは核分裂生成物をこれ以上増やさないことです。

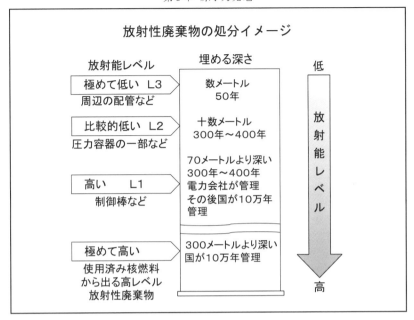

　原子力規制委員会が決めている放射性廃棄物の処分方法を図に示しました。
　原子力発電所から出る放射性廃棄物を図のようにL3、L2、L1のように分け、それぞれを図に示す深さ数メートル、十数メートル、70メートルより深い所に埋め、コンクリートなどで覆って**電力会社に50年、300年〜400年間管理**させます。L1はその後**国が10万年間管理**するとしています。極めて高い、**使用済み核燃料から出る高レベル放射性廃棄物は国が処分し、地下300メートルより深い場所で10万年間国が管理**するとしています。
　原子力規制委員会がこのようなことを決めても全く荒唐無稽のこととしか言いようがありません。今ある電力会社が300年〜400年後まで存続するかどうか全く不明ですし、10万年後には日本をはじめ世界の国々がどのようになっているかも全く不明です。ホモサピエンス（現代人）が20万年前にアフリカに出現し、その一部が6万〜7万年前にユーラシア大陸に移動し、現在の国が成立しました。日本列島が現在のような形になってからまだ3万年程度なのです。10万年（たとえ1万年でも）はいかに長い期間かがわかります。
　新しく放射性廃棄物を発生させないこと、発生させた場合はその場所で責任をもって保管管理することが必要です。

第9章 原子力発電

高レベル放射性廃棄物処分場イメージ

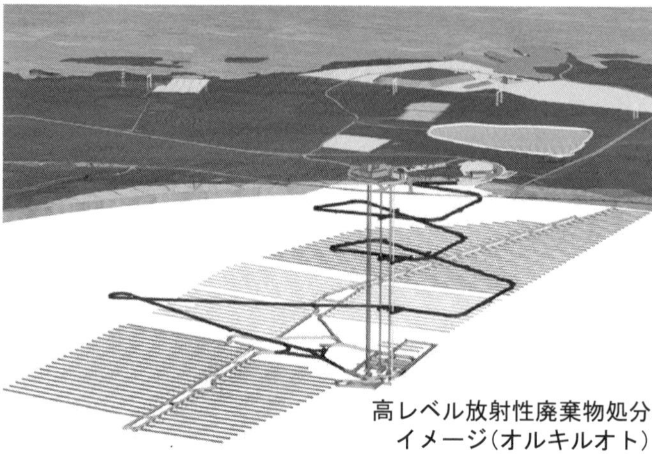

高レベル放射性廃棄物処分場
イメージ（オルキルオト）

[出所]経済産業省資源エネルギー庁：
諸外国における高レベル放射性廃棄物の処分について(2010年2月)

　フィンランドのオルキルオトの高レベル放射性廃棄物処分場のイメージ図です。地表（図では黒色または一部灰色の部分）から数百メートルの地下に廃棄物処分場を作っています。フィンランドではこの施設で20万年(？)安全に管理するつもりのようです。

　日本の政府では高レベル放射性廃棄物を地下300メートルより深い処分場で10万年管理する計画です。おそらくこの図のような施設を計画していると思われます。経産省資源エネルギー庁は活断層がなく、火山がないところを候補地に上げようとしていますが、10万年も管理することは不可能なことです。**放射性廃棄物はそれを発生させた場所で安全に管理を続ける方法しかないのです。**

第9章 原子力発電

第9章のまとめ

原子力発電	莫大なエネルギーが得られる 使用済み核燃料の発生 プルトニウム－239が生成
100万kwの原発	ウラン－235の使用量（1トン/年間） 広島原爆の1250倍
原子炉で生じる放射性物質	揮発性、準揮発性、非揮発性の無数の放射性元素
運転中の原発（2010年）	4884.7万kW
原発の発電量（2005年）	総発電量の約31%
原発の発電コスト	水力発電、火力発電より高コスト
使用済み核燃料	17000トン、直接処分、再処理後処分
低レベル放射性廃棄物	埋設処理
高レベル放射性廃棄物	深い地層に収納 10万年管理

　原子力発電はウラン－235の原子核分裂によって得られる莫大な熱で水を加熱し、発生する蒸気でタービンを回転させて発電します。
　ウラン－235の1グラムから発生するエネルギーは石油では2000リットル、石炭では3トンから得られるエネルギーに相当します。しかし、大量の放射線と使用済み核燃料（放射性物質）が発生します。事故が起これば広範囲に放射能汚染の可能性があります。副産物としてプルトニウム－239が生成されます。標準的な原発（100万キロワット）では1年間にウラン－235を1トン使用します。これは広島原爆1250発分に相当します。原発では揮発性、準揮発性、非揮発性の多くの放射性物質が生成されます。
　運転中の原発（2010年）の発電量は年間4884.7万キロワットであり、2005年には総発電量（火力、水力、原子力）の約31パーセントでした。原発の発電コストは10.25円/キロワット時であり、水力発電、火力発電よりも高コストです。
　使用済み核燃料は広島原爆に換算して120万発分（17,000トン）、プルトニウム－239は48トン（原爆6000発分）溜まっています。
　使用済み核燃料は直接処分法と再処理でウラン－235とプルトニウム－239を抽出後に、高レベル放射性廃棄物として処理する方法が予定されています。
　放射性廃棄物は適切な処理後、低レベル放射性廃棄物は土中浅く、高レベル放射性廃棄物は地中深くに埋設する計画です。使用済み核燃料の処分は解決できないほど困難な問題です。

第10章 福島第一原発事故

水素爆発の3号機

原発・放射能図解データ：野口邦和監修　大月書店　2012年発行より

第 10 章　福島第一原発事故

```
原子炉の事故を抑える３つのステップ

┌──────────┐  ┌──────────┐  ┌──────────┐
│ 原子核分裂を │  │  崩壊熱を  │  │ 核分裂生成物を │
│   止める   │  │   冷やす   │  │  閉じ込める  │
└──────────┘  └──────────┘  └──────────┘
```

　原子力発電所（P.116 参照）では、原子炉で原子核を分裂させ、発生した大量の熱で水を加熱し、水蒸気を発生させてタービンを廻し発電します。この原子炉には核燃料棒と制御棒と冷却用の水があり、発生する熱をこの冷却用の水で冷やしています。原子炉の運転を止める場合は、まず**制御棒を核燃料棒の間に挿入し、原子核分裂を止めます**（P.116、134 参照）。

　標準的な原子力発電所は 100 万キロワットの発電を行い、そのために 300 万キロワット分の熱を発生させているのです（P.113、116 参照）。原子核分裂を止めても運転時の**約6%の熱が崩壊熱**として残りますが、この熱は時間が経過すると減少していきます。

　福島の事故では、原子核分裂は止めましたが、**水が無くなり冷やすことができなくなり**、残存する熱湯と核燃料被覆管が反応して**水素が発生**し、この水素が酸素と反応して爆発しました。この**爆発**によって核燃料棒中にあった核分裂生成物（放射性物質）が飛び散り、**広範囲の放射能汚染**を起こしたのです。

第 10 章　福島第一原発事故

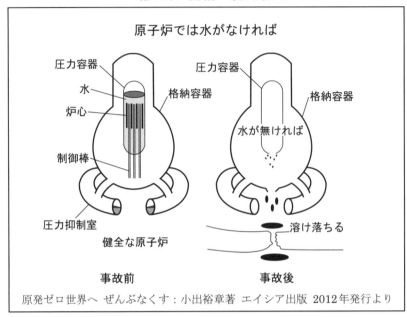

原発ゼロ世界へ　ぜんぶなくす：小出裕章著　エイシア出版　2012年発行より

　左の図は福島第一原発1号機の事故の前、右の図は事故後を表しています。
　左の図では炉心の核燃料棒の間に制御棒を下から挿入する形式*になっています。**圧力容器には水を満たしてあり、中性子の減速と原子核分裂で生じる莫大な熱を水で冷却**します。言いかえれば、原子核分裂で生じる熱で水を加熱し、発生する水蒸気でタービンを廻して発電します。
　福島の事故では地震の後、**制御棒は核燃料棒の間に挿入され、原子核分裂は停止**しましたが、**水を十分に補給できず、核燃料棒などが高温になり、溶融**してしまいました。圧力容器の底を突き破って、外側の格納容器の底に溜まりました。溶融体はさらに格納容器を破って下に落ちています（右の図）。この他に核燃料被覆管と水との反応により、水素が発生して原子炉建屋に充満し、空気と混合して**水素爆発**を起こしました。この爆発で原子炉建屋は大きく破損し、施設も損傷し、放射能汚染の原因を作りました。

　＊　左の図は制御棒を下から上へ向けて挿入する形式になっています。東京電力の原子力発電所はこの形式です。P.116 の原子力発電所の図では制御棒は上から下へ向けて挿入する形式です。関西電力などはこちらの形式です。

第10章　福島第一原発事故

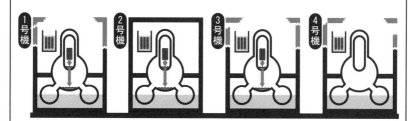

「化学」4月号 別冊 検証！福島第一原発事故：化学同人編集部編 化学同人 平成24年発行より

　図に示す原子炉で、一番内側の楕円形が**原子炉圧力容器**で、その中にウラン－235の入った**核燃料棒**があります。核燃料棒の間に原子核分裂を制御する**制御棒**と中性子の減速と冷却の役目をする**水**が入っています（P.116、134参照）。

　福島の事故では地震の後、制御棒を挿入して、原子核分裂は停止しましたが、水を十分に補給できず、核燃料棒が高温になり溶融してしまいました。核燃料棒の溶融物が圧力容器の底を突き破って外側の格納容器の底に溜まりました（P.134参照）。

　1号機では溶融した核燃料棒の一部が格納容器の底を破り、その下のコンクリートにまで浸食しました（P.134参照）。この間に核燃料被覆管と水との反応により水素が発生しました。この水素が原子炉建屋内に溜まり、酸素と反応して**爆発**し、建屋が大きく壊れました。

　2号機も核燃料棒が溶融し、圧力容器から原子炉格納容器に漏れ出しましたが、水素爆発は起こりませんでした。

　3号機でも同じような現象が起こり、水素爆発が起こりました。

　4号機は地震の時に圧力容器の中に核燃料棒はなく、運転を停止していましたが、3号機で発生した水素が4号機に流れ込み、水素爆発を起こしました。

第10章 福島第一原発事故

福島第一原発事故で放出された主な核種*

核　種	物理的半減期	放射線の種類	集積する部位
ヨウ素－131	8日	ベータ線, ガンマ線	甲状腺
セシウム－134	2.05年	ベータ線, ガンマ線	全身
セシウム－137	30年	ベータ線, ガンマ線	全身
ストロンチウム－90	29.1年	ベータ線	骨

　福島第一原発事故で放出された、現在、知られている主な放射性核種です。

　ヨウ素－131は、体内では甲状腺に選択的に取り込まれ、甲状腺ホルモンに合成されます（P.72参照）。ヨウ素－131の放射線（主にベータ線）で甲状腺が照射されるので、甲状腺がんの危険性があります。物理的半減期が8日なので、80日すれば、1000分の1以下に減少します。

　セシウム－137と**セシウム－134**は、事故でほぼ同量放出されました。**ストロンチウム－90**の放出はセシウムに比べて少なかったようです。これらの生物学的な性質については後で述べます（P.139、153参照）。

　＊**核種**：セシウム－134とセシウム－137はセシウムという元素ですが、原子核に注目すれば別のものです。セシウム－134もセシウム－137も陽子数は55個ですが、中性子数はセシウム－134は79個、セシウム－137は82個なので、原子核は異なります。このように原子核に注目して原子を区別する場合に、核種という表現をします。このうちで放射能を持っているものを**放射性核種**と言います。

第10章 福島第一原発事故

```
┌─────────────────────────────────────────────────────┐
│           原爆470発分の放射能が大気中に              │
│                                                      │
│  ┌──────────────────────────────────────┬────────┐  │
│  │ セシウム－137                         │        │  │
│  │   放出量      1.5×10¹⁶[Bq]           │ 170発分 │  │
│  │   生物学的な毒性 1.3×10⁻⁵[mSv/Bq]    │        │  │
│  ├──────────────────────────────────────┼────────┤  │
│  │ セシウム－134                         │        │  │
│  │   放出量      1.8×10¹⁶[Bq]           │ 300発分 │  │
│  │   生物学的な毒性 1.9×10⁻⁵[mSv/Bq]    │        │  │
│  └──────────────────────────────────────┴────────┘  │
│          放出量と生物学的毒性を考慮した場合の比較    │
│     1、2、3号機に溜まっていた放射性物質は広島型原爆 4000発分 │
└─────────────────────────────────────────────────────┘
```

セシウム－137		170発分
放出量	1.5×10^{16} [Bq]	
生物学的な毒性	1.3×10^{-5} [mSv/Bq]	
セシウム－134		300発分
放出量	1.8×10^{16} [Bq]	
生物学的な毒性	1.9×10^{-5} [mSv/Bq]	

原爆470発分の放射能が大気中に

放出量と生物学的毒性を考慮した場合の比較

1、2、3号機に溜まっていた放射性物質は広島型原爆 4000発分

　事故時に、福島第一原発1号機、2号機、3号機の中に溜まっていた放射性物質は、**広島型原爆4000発分**に相当すると小出裕章氏は記載*しています。

　大気中に放出された**放射性セシウム**は政府の報告書に基づき評価すると、**広島型原爆470発分**（セシウム－137として）となります。

　その内訳は表に示しましたが、セシウム－137の放出量1.5×10^{16}ベクレル、生物学的毒性1.3×10^{-5}（ミリシーベルト／ベクレル）で170発分、セシウム－134の放出量1.8×10^{16}ベクレル、生物学的毒性1.9×10^{-5}（ミリシーベルト／ベクレル）で300発分となります。セシウム－137の170発分とセシウム－134の300発分の合計が広島型原爆470発分になります。これが日本政府の報告書からの大気中への放射性セシウムの放出量です。

＊ 原発ゼロ世界へ －ぜんぶなくす－：小出裕章 著：エイシア出版
　　　　　　　　　　　　　　　　　　　　　　　　　2012年発行

第10章　福島第一原発事故

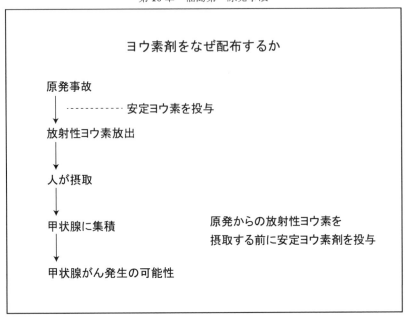

　原発事故のさいに、ヨウ素剤を配布するという記事を読んだことがあると思いますが、何のためにヨウ素剤を配布するのでしょうか。それは**甲状腺がんの発生を防ぐため**です。

　甲状腺では、甲状腺ホルモンを合成して体内に分泌しています（P.72参照）。甲状腺ホルモンはヨウ素原子を含んでおり、そのために合成の原料としてヨウ素を必要としており、常に甲状腺にヨウ素を取り込んでいます。原発事故が起これば大量の放射性ヨウ素（P.136参照）を放出することがあります。人がこの放射性ヨウ素を体内に取り込めば当然甲状腺に集まり、甲状腺被ばくが起こり、甲状腺がんになる可能性があります。そこで、**放射性ヨウ素を取り込む前に非放射性ヨウ素（安定ヨウ素）を摂取して安定ヨウ素で甲状腺を満たし**ておけば、放射性ヨウ素はほとんど甲状腺に取り込まれなくなります。原発事故が起こった場合は速やかに安定ヨウ素剤を摂取する必要があります。昆布やワカメはヨウ素を含んでいるので、これらを摂取しておくことも有効な方法です。

第10章　福島第一原発事故

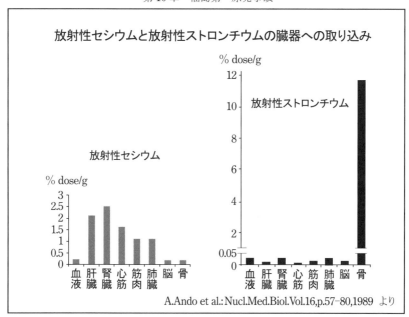

A.Ando et al.: Nucl.Med.Biol.Vol.16,p.57-80,1989 より

　福島第一原発事故で地上や海中に最も多く排出されたのが**放射性セシウム**（Cs-137、Cs-134）です。この事故で、放出された放射性物質のうち人に対して放射性セシウムよりもはるかに危険なのが**放射性ストロンチム**（Sr-90）です。
　図は、筆者らが1989年に発表した論文のデータから、グラフにしたものです。ラットで実験した結果ですが、結果は人にも適用できます。図は放射性セシウムとか、放射性ストロンチウムの水溶液をラットに静脈注射して、24時間後に各臓器への取込率を調べたものです。縦軸の%dose/gは、投与した放射性元素が臓器・組織1グラムあたりへ何%が取り込まれたかを表しています。ラットの体重は計算で100グラムに統一してあります。**セシウム**はカリウムに類似した元素で、特に集積する臓器・組織はなく、**全身に分布**します。セシウム-137の人での有効半減期（最初に取り込まれた放射性物質量が物理的減衰と生物的な排出で半分に減少するまでの時間）は**70日**とされています。
　ストロンチウムは、カルシウムに非常によく似た性質を示し、**骨**に非常に多く集積します。骨に取り込まれたストロンチウム-90はほとんど排出されず、人での有効半減期は**18.6年**とされています。ストロンチウム-90は骨に長く留まり、強いベータ線を放出します。ストロンチウム-90の崩壊でできるイットリウム-90（Y-90）も非常に強いベータ線を放出します。このため、骨髄中の**造血組織が破壊**され、**貧血**になったり、**白血病**の原因ともなります。さらに**骨に悪性腫瘍**ができる可能性があります（詳しくはP.153参照）。

第10章　福島第一原発事故

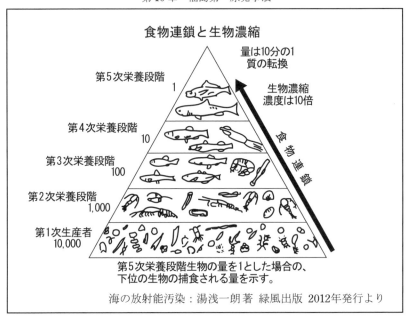

海の放射能汚染：湯浅一朗著　緑風出版　2012年発行より

　液体に溶けた状態で、海に放出されたものは海水の動きで薄まりながら広がっていきます。こうした中で、水の中のイオンと化合したり、水の中の浮遊物質に吸着されたり、プランクトンなどの生物に取り込まれたりします。一部は水の底に沈んで海底の土の中にたまったりします。
　とくに生物の体内に取り込まれてからの挙動が重要なので、食物連鎖と生物による放射性物質の濃縮について説明します。
　食物連鎖
　海に入った放射性物質は、まず**植物性プランクトン**に吸収され、次いでこれを食べる**動物性プランクトン→稚魚や小型魚→中型魚→大型魚**といった順序で移動して行くことがあります。最初に植物性プランクトンが取り込んだ放射性物質は、この食物連鎖によって大型の生物の体内に取り込まれていきます（図）。
　生物による放射性物質の濃縮
　生物による海水中の放射性物質の濃縮は、その生物の体内の器官と物質の種類、その物質の化学的な形態などによって違いが生じます。
　生物体内の放射性物質濃度は次第に増加しますが、ある時間が経過すると体内に入る量と外部に排泄される量とがバランスをとり、ある一定のところで増加しなくなります。この一定のところを平衡値と呼んでいます。平衡に達した時の生物体内の放射性物質と海水中の放射性物質の比を**濃縮係数**と呼んでいます。

放射性セシウムの新基準

食品群	規制値 (単位 Bq/kg)
飲料水	10
牛乳	50
一般食品	100
乳児用食品	50

（厚生労働省　平成24年4月1日実施）

　表は放射性セシウムの新基準値です。キログラム当たりのベクレル数で表しています。この値以下ならば、十分安全といえます。
　セシウムが体内に入ると全身に分布します。**セシウム－137**が体内に取り込まれた場合の**有効半減期は70日**とされています。**セシウム－134の有効半減期は64日**です。

　注：放射性元素の半減期に関して、**物理的半減期、生物学的半減期、有効半減期**の3種類の半減期が使用されます。
　物理的半減期とは放射性元素が物理的に半分に減少するまでの時間を言います（P.63参照）。生物学的半減期とは、ある放射性元素が体内に取り込まれた場合に、その放射性元素が物理的に減衰しないと仮定した場合に、その放射性元素が半分体内に残り、半分体外に排出されるまでの時間を言います。有効半減期とは、体内に取り込まれた放射性元素が、取り込まれた量の半分になる（物理的な減衰と体外排出によって）までの時間を言います。有効半減期は物理的半減期よりも短くなります。

第 10 章　福島第一原発事故

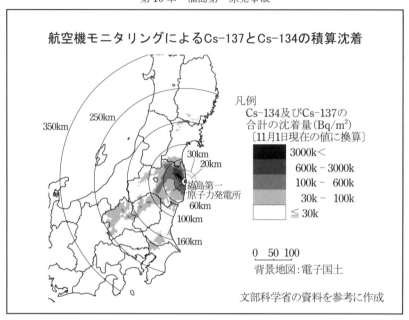

　図は、平成 23 年 11 月 1 日現在の航空機モニタリングによる**放射性セシウム（Cs－137、Cs－134）の積算沈着（ベクレル／平方メートル）**です。黒色のところは、3000 k（キロ）ベクレル／平方メートル以上で、放射性セシウムの沈着が最も多く、図の右に順々に濃度を変えて、放射性セシウムの沈着の程度を示しています。原発から北西に放射性セシウムの非常に濃いところがあります。南西の群馬県方面にもかなり多くの放射性セシウムの飛散が認められます。

　福島第一原発のまわりは測定結果が得られていないので、白色になっていますが、放射性セシウムの沈着は非常に多いと思われます。

　放射性ヨウ素（I－131、物理的半減期 8 日）も飛散しましたが、この時点では減衰して測定不可能であったと思われます。

　原発事故では、広範囲の放射能汚染を起こし、人が予想できない深刻な事態になる可能性があります。

第10章　福島第一原発事故

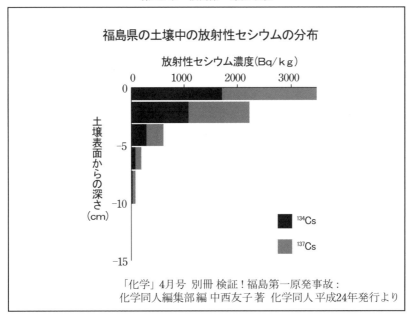

「化学」4月号 別冊 検証！福島第一原発事故：
化学同人編集部編 中西友子著 化学同人 平成24年発行より

　図は福島県の土壌中の放射性セシウムの分布を示しています。
　黒色はセシウム－134 (Cs－134)、灰色はセシウム－137 (Cs－137) です。事故ではセシウム－134 とセシウム－137 がほぼ同量放出されました。この図からわかるように、**地表から5センチメートルまでにほとんどが吸着されており、3センチメートル以内**に特に多く吸着されています。10センチメートルより下には達していません。
　これらの放射性セシウムは、土壌中で雲母や雲母の風化物である**バーミキュライト**に結合しています (P.154参照)。水で洗浄しても簡単には離れないくらい強く結合しています。

第 10 章　福島第一原発事故

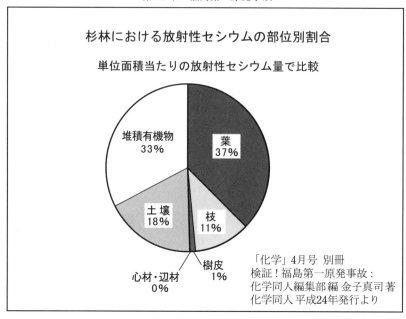

　これは福島県の杉林(樹齢41年生)における単位面積当たりの放射性セシウム(Cs-137とCs-134)の部位別割合を示しています。樹木(葉、枝、樹皮)に約50パーセント、落葉などの堆積有機物に33パーセントと土壌に18パーセントの放射性セシウムが付着していることがわかりました。

第10章　福島第一原発事故

原子力発電に替わるもの

スマートグリッド（次世代送電網）による効率的利用

再生エネルギーの利用
　　太陽光発電
　　バイオマス発電
　　風力発電
　　地熱発電
　　水力発電の増強
　　水素

　スマートグリッド（次世代送電網）による効率的利用とは、電力網（発電、送電、変電）と各家庭、事業所をネットワークで結び、安定した電力エネルギーの供給と効率的利用を目指すシステムです。モデル地域でのテストでは**約20パーセントの節電**ができています。

　原子力発電に替わるものとして、太陽光発電、バイオマス発電、風力発電、地熱発電、水力発電の増強、水素などの**再生エネルギーの利用**があります。メタンハイドレートのような新たな化石燃料を開発することで、原子力発電に変えることは十分可能です。重水素や三重水素（トリチウム）は将来核融合の材料になるかもしれません。

　原子力発電で最も多く発電した時に、その発電量は総発電量（火力、水力、原子力）の約31パーセント（P.121参照）でした。

　スマートグリッドによる効率的利用だけでも約20パーセント節電になります。再生エネルギーを利用すれば、原子力発電を廃止しても電力が不足することはありません。

—145—

第 10 章　福島第一原発事故

> ### 第10章のまとめ
>
> 原発事故を抑える3つのステップ
> 原子核分裂を止める ⟶ 崩壊熱を冷やす ⟶ 核分裂生成物を閉じ込める
> 福島第一原発事故 ⟶ 冷却に失敗 ⟶ 水素爆発
> 放出された主な核種‥‥‥ヨウ素－131、セシウム－134、
> 　　　　　　　　　　　セシウム－137、ストロンチウム－90
> 大気中への放出量‥‥‥（広島原爆の）470発分
> ヨウ素剤の配布‥‥‥‥甲状腺被ばくの防止
> セシウムは全身に分布、ストロンチウムは骨に集積
> セシウム‥‥‥‥地表から地中5センチ以内に集積
> 　　　　　　杉林中で木の葉、枝に50パーセント
> 　　　　　　地上堆積有機物に33パーセント
> 　　　　　　土壌に18パーセント

　原発事故を抑える3つのステップは「原子核分裂を止める」、「崩壊熱を冷やす」、「核分裂生成物を閉じ込める」ことです。

　福島第一原発事故では原子核分裂は止めましたが、水が無くなり冷却に失敗し、水素爆発が起こり、核分裂生成物の閉じ込めに失敗しました。原子炉圧力容器の中は水で冷却していますが、水が無くなれば核燃料棒などが溶融し、大きな事故につながります。

　福島第一原発事故ではヨウ素－131、セシウム－134、セシウム－137、ストロンチウム－90などが放出されました。ヨウ素は甲状腺、セシウムは全身、ストロンチウムは骨に集積します。

　この原発に溜まっていた放射性物質は、広島原爆4000発分であり、大気中に放出された放射性セシウム量は、広島原爆470発分です。

　原発事故の際、安定ヨウ素剤を投与して放射性ヨウ素の甲状腺集積を阻止します。

　福島県の土壌中で放射性セシウムはほとんどが5センチメートル以内に吸着されており、大部分は3センチメートル以内に吸着されていました。セシウムは杉林中では葉、枝に約50パーセント、堆積有機物に33パーセント、土壌に18パーセントが付着していました。

付　　　録

本文中での説明不足を補足します。

品種改良
15 ページ参照

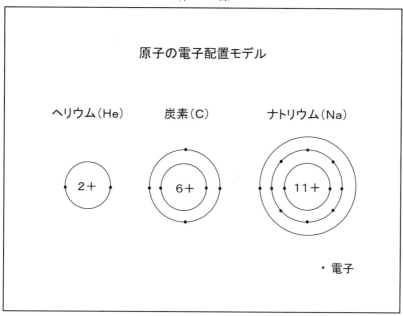

　図にはヘリウム（元素記号 He）、炭素（同じく C）、ナトリウム（同じく Na）の電子配置モデルを示しました。

　ヘリウムは電子の軌道（電子殻といいます）は1個ですが、炭素では電子殻が2個、ナトリウムでは3個になります。さらに大きな原子では電子殻は4個、5個、6個、7個と増えていきます。いずれの場合も**原子核の内の陽子**（プラスに帯電）と**電子殻の電子**（マイナスに帯電）の数は等しくて、**原子全体としては電気的に中性**です。

　ウラン原子は原子核の内に陽子が92個（その他に中性子が143〜146個）と7個の電子殻に合計92個の電子があります。

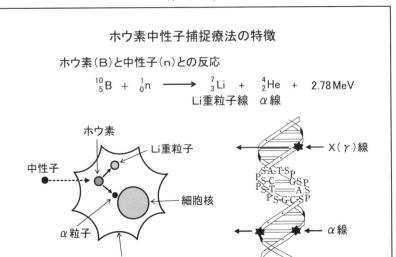

ホウ素 ($^{10}_{5}B$) と熱中性子 ($^{1}_{0}n$) が反応すると、上の式のようにリチウム (Li) 重粒子線とアルファ線 (α粒子) ができます。ホウ素中性子捕捉療法によるがん治療の特徴の1) は左図のようにがん細胞だけが取り込んだホウ素化合物に中性子照射され、**がん細胞内で核反応が起こり、粒子線 (α粒子、リチウム重粒子) が発生**することです。

特徴の2) は右図のように**アルファ線はDNAの二重鎖を切断します。そのためDNAは修復することが非常に困難で**がん細胞は死滅します。

脳腫瘍、頭頸部がん、肝臓がん、肺がん、中皮腫、骨・軟部腫瘍、皮膚がんがこの治療法の対象となります。

右図のようにがん細胞内のDNAは二重鎖の構造をしており、放射線があたると、このDNAに損傷が起こります。エックス線やガンマ線は多くの場合、単鎖切断するので、DNAが修復され、再生する可能性が高くなります。

付　　録

水素(H)	水素－1	水素－2	水素－3
原子番号 1 （陽子の数 1）	H－1	H－2	H－3
	$^{1}_{1}H$	$^{2}_{1}H$	$^{3}_{1}H$
	^{1}H	^{2}H	^{3}H

同位元素の表現方法

コバルト(Co)	コバルト－58	コバルト－59	コバルト－60
原子番号 27 （陽子の数 27）	Co－58	Co－59	Co－60
	$^{58}_{27}Co$	$^{59}_{27}Co$	$^{60}_{27}Co$
	^{58}Co	^{59}Co	^{60}Co

　同位元素の表現について整理します。水素（元素記号は H）については 61 ページで述べましたが、改めて上に示しました。水素には 3 つの同位元素があります。これを言葉で表せば、水素－1、水素－2、水素－3 となります。この"水素"の後の 1、2、3 は**原子量**（陽子の数と中性子の数の合計）です。元素記号で表せば、H－1、H－2、H－3 となります。これを丁寧に表せば原子量を H の左肩に書き、**原子番号**（陽子の数）を H の左下に書く方法があります。すなわち、$^{1}_{1}H$、$^{2}_{1}H$、$^{3}_{1}H$ です。水素といえば、原子番号は 1 に決まっているので、H の左下の 1 は省略してもよいのです。すなわち ^{1}H、^{2}H、^{3}H と表します。^{1}H と ^{2}H は安定ですが、^{3}H は放射性です。

　もう一つコバルトの例を挙げました。コバルトには同位元素が 15 ありますが、ここではコバルト（元素記号は Co）の同位元素コバルト－58、コバルト－59、コバルト－60 の 3 つを例に挙げました。同位元素を表現する場合は**原子量を表記する**ことが必要です。Co の左下の原子番号は省略してもかまいません。^{59}Co は安定ですが、^{58}Co と ^{60}Co は放射性です。

付　　録

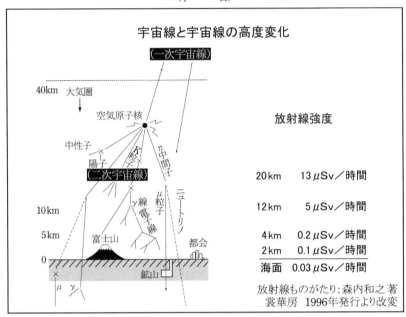

　恒星からのエネルギーの非常に高い**一次宇宙線**（高エネルギーの放射線であり、陽子や軽い原子核からなる）が大気圏に入ってくると、空気中の窒素や酸素の原子核と反応して、中性子や陽子、中間子などを生じ、これらの一部はニュートリノ、ガンマ線、電子などを作ります。これらは総称して**二次宇宙線**と呼ばれます。地上に降り注ぐのはほとんどこれらの二次宇宙線です。

　図に示すように、これらの二次宇宙線は空気によって遮蔽されているために地表では弱く、上空ではかなり強くなっています。

　海面では、0.03マイクロシーベルト（μSv）/時間であったものが、高度が上がるにしたがって被ばく線量が増え、高度20キロメートルでは13マイクロシーベルト（μSv）/時間になります。

付　録

放射性ストロンチウムの人への影響

$$^{90}\text{Sr} \xrightarrow[29.1年]{\beta^-} {}^{90}\text{Y} \xrightarrow[64時間]{\beta^-} {}^{90}\text{Zr}（安定）$$

骨組織の無機質はハイドロキシアパタイト[$Ca_{10}(PO_4)_6(OH)_2$]です

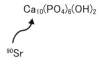

	物理的半減期	β^-線エネルギー
^{90}Sr	29.1年	0.544 MeV
^{90}Y	64時間	2.27　MeV

^{90}Srの人での有効半減期　　18.6年
造血組織の破壊、貧血、白血病の発生
骨の悪性腫瘍の発生

　ストロンチウム－90(Sr－90)は29.1年の物理的半減期で、ベータ(β^-)線を放出してイットリウム－90(Y－90)になります。**イットリウム－90**は64時間の物理的半減期でベータ線を放出して非放射性のジルコニウム－90(Zr－90)になります。
　ストロンチウム－90から放出されるベータ線は0.544メガエレクトロンボルト(MeV)という大きいエネルギーを持っているので、体内では細胞に大きな影響を与えます。ストロンチウム－90の崩壊でできる娘核種のイットリウム－90から放出されるベータ線は2.27メガエレクトロンボルト(MeV)という極めて大きいエネルギーを持っているので、細胞に非常に大きな危害を及ぼします。
　ストロンチウムはカルシウム(Ca)と非常によく似た化学的性質を持っているために、**骨組織の無機質のハイドロキシアパタイトに取り込まれ**、非常に長く(半分に減少するまでに18.6年)そこに留まります。その間に造血組織や骨を破壊し、このため**貧血**や**白血病**や**骨の悪性腫瘍**になる可能性があります。ストロンチウム－90は、セシウム－137、セシウム－134よりはるかに危険な放射性物質です。ストロンチウム－90はベータ線のみ放出するので、体内にあるストロンチウム－90を体外から測定することはほとんど不可能です。しかしながら、ベータ線は体内の物質に衝突してそのエネルギーの一部をエックス線に変換するので、多量のストロンチウム－90が体内にある場合は体外から測定することも可能ですが、そのような多量のストロンチウム－90が体内にあれば、健康上極めてゆゆしきことです。

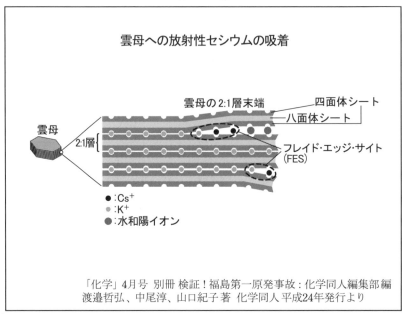

「化学」4月号 別冊 検証!福島第一原発事故:化学同人編集部 編
渡邉哲弘、中尾淳、山口紀子 著 化学同人 平成24年発行より

　フレイド・エッジ・サイト(FES)と呼ばれる雲母の2:1層末端の風化部分(上の図で右端の開いている部分)にセシウムイオン(Cs$^+$)は、極めて強く吸着されます。

　雲母は2:1層間にカリウムイオン(K$^+$)が吸着した構造をもつため、セシウムイオンが吸着するためにはカリウムイオンが放出される必要があります。FESは雲母の末端が風化により、開きかけている部分であり、ここでカリウムイオンが放出され、セシウムイオンが強く吸着されます。

おわりに

水 素

H（軽水素）　　　クリーンエネルギー
D（重水素）　⎫
　　　　　　　⎬　核融合の材料
T（三重水素）⎭

結　語

放射線，放射能の発見とその利用

　1895 年にレントゲン博士により**エックス線**が発見されました（P.21 参照）。このエックス線の強い透過力を利用してエックス線写真が撮られるようになり、病気の診断に革命が起こりました。

　高エネルギーエックス線によるがんの治療も必須のものとなりました。ガンマ線や陽子線などの**放射線**も使用されるようになり、これらの放射線は医学・医療の分野で欠くことのできないものとなりました。さらに、放射線は科学技術の発展や産業の発達にも大きな貢献をしてきました。

　1896 年にはベクレル博士により**放射能**（放射性元素　ウラン）が発見（P.59 参照）されました。これを契機に多くの放射性元素が発見され、人工的にも製造されるようになりました。これらの放射能（放射性物質）の振舞いを利用して病気の診断や治療が行われるようになりました。

　医学・医療以外にも放射能を利用することで、科学の研究が大いに進展し、さらに産業の発達にも貢献しました。

　使用が進むにつれて放射線や放射能は人にとって大変危険なものであることもわかりました。しかし、**これらの放射線、放射能は注意しながら上手に利用すれば人にとって非常に有益なものとなることもわかりました。**

原子核分裂の発見とその利用

　1939 年、ハーンとシュトラスマンはウラン－235 に中性子を照射すると、ウラン－235 の**原子核が分裂**（P.105 参照）することを発見しました。原子核分裂では**莫大なエネルギー**の発生、**放射線**の放出と**核分裂片**（**放射性物質**）ができることがわかりました。あたかも第二次世界大戦中であったの

結　語

で、アメリカではマンハッタン計画のもと多数の科学者、技術者を集め、莫大な費用を投じてこの原子核分裂を利用した爆弾（原子爆弾）を製造しました。

　大戦後は平和利用ということで、原子核分裂で発生する莫大なエネルギーで水を加熱して水蒸気とし、この水蒸気でタービンを回転させた発電（原子力発電）が行われるようになりました。

原子核分裂利用の問題点

　ここで過去を振り返って、原子や分子のレベルで考えてみますと、我々が栄養とする炭水化物や脂肪、タンパク質、燃料とする木の主成分のセルロースは全て天然にある化合物です。

　これらの天然にある化合物も人工的に合成された化合物も、原子（P.26参照）の外側の軌道電子が互いに作用して原子が結合しており、その結合エネルギーは数エレクトロンボルト（P.64参照）という比較的小さいエネルギーなのです。化合物の合成も分解も、物質の燃焼も**軌道電子の相互作用**でおこる**化学変化**なのです。生体内においても同じことが起こっています。この小さいエネルギーが我々を取り巻く普通のエネルギーであり、それは**化学エネルギー**なのです。古代の人は無意識のうちに、現代人は意識して原子の軌道電子の作用を利用して、エネルギーの生産や化合物の製造などを行ってきました。

　しかし、原子核分裂の利用はこれらの化学変化や上に述べた放射線、放射能の利用とは全く異なるのです。それは原子の中心にある**原子核を壊す**のです。その時に大きな問題が起こりました。原子核を壊すことによって莫大なエネルギーが得られますが、その他に多量の放射線と**核分裂片（核分裂生成物＝放射性物質）**が発生します。この核分裂生成物の取り扱いや処分が極めて困難なのです。

　不幸なことに、原子核分裂を戦争に使用したのが**広島への原爆投下**（1945

結　語

年）と長崎への原爆投下（1945年）であり、産業利用で失敗したのが旧ソ連のチェルノブイリ原発事故（1986年）と福島第一原発事故（2011年）です。私はこの4つを原子力4大悲劇と考えています。このうち3つまでも日本で起こっているのです。原子核を分裂させるということは人が制御して都合よく行えるようなものではないのです。まさに人が神の領域に手を突っ込んでいるのです。そのため数万、数十万の人を一度に死亡させたり、**何万年も残る核分裂生成物（放射性物質）**を大量に生み出すのです。昭和や平成に生きた人間が、たかだか数十年間原子力発電を行った結果生じた放射性物質によって子孫に10万年も負担をかけてはならないのです。

　原子核分裂反応が発見されて以来、この原子核分裂を戦争や産業に利用しようとする人たちが現れ、多くの人々はそれに大きな戸惑いを感じております。

　原子核分裂（P.108参照）は莫大なエネルギー、多量の危険な放射線と人の手に負えない多量の**核分裂生成物が発生**するので、人が取り扱いできる範囲をはるかに超えているのです。

　原子核分裂は、戦争ではもちろん使用すべきではありません。産業で使用することももう一度考え直すべきです。

　2019年1月

　　　　　　　　　　　　　　　　　　　　　　　　　安　東　醇

索 引

ア行

アイソトープ電池 …………………… 15
アインシュタインの式 …………… 109
青森県六ヶ所村 ………………… 123,125
悪性腫瘍 ………………………… 73,139
圧縮処理 …………………………… 125
圧力容器 ……………………… 127,134
圧力抑制室 ………………………… 134
アデニン …………………………… 85
アメリシウム-241 ………………… 120
アラームメータ …………………… 50
アルファおよびガンマ放射体 ……… 65
アルファ線 …… 25,27,28,29,32,48,59,60,
 62,64,65,73,97,150
アルファ崩壊 ……………………… 62
アルファ粒子 ……………………… 40
安定元素 …………………………… 65
安定ヨウ素 ………………………… 138
安定ヨウ素剤 ……………………… 146
アンリ・ベクレル ………………… 60
胃癌の多発骨転移 ………………… 69
イースト …………………………… 82
一次宇宙線 ………………………… 152
一時貯蔵 …………………………… 123
1門照射 …………………………… 37
イットリウム-90 ……………… 139,153
一般公衆の線量限度 ……………… 99
一般食品 …………………………… 141
一般水力 …………………………… 122
遺伝情報 …………………………… 84
遺伝性影響 …………………… 48,53,83

遺伝性障害 …………………… 87,90
医療器具 …………………………… 42
医療器具の滅菌 ………………… 35,43
医療被ばく ………………………… 99
飲料水 ……………………………… 141
宇宙 …………………………… 95,100
宇宙線 ……………………… 16,74,95,98
ウラン …26,59,60,61,65,95,117,119,120,
 157
ウラン-234 ………………………… 61
ウラン-235 …… 61,103,105,107,108,109,
 110,111,115,116,117,118,119,120,
 124, 126,129,135
ウラン-235型原爆 ………………… 117
ウラン-238 ……… 61,107,111,117,118,120
ウラン原子 ………………………… 149
ウラン燃料 ………………………… 117
雲母 ……………………………… 143,154
雲母の風化物 ……………………… 143
エックス線 …… 21,22,23,24,25,27,28,29,
 31,32,47,48,49,50,53,59,81,83,86,
 89,93,150,157
エックス線CT ………………… 36,43
エックス線管 ……………………… 93
エックス線撮影 …………………… 35
エックス線写真 ……………… 21,23,24,157
エックス線集団検診 ……………… 99
エックス線像 ……………………… 36
エックス線単純撮影 ……………… 43
エックス線の強い透過力 ………… 157
エックス線の発見 ………………… 60
エックス線発生装置 ……… 24,25,27,32
エドモンド・ベクレル …………… 60

索　引

エレクトロンボルト ………… 30,64
塩化ラジウム ………………… 73,75
大型魚 ………………………… 140
大島賢一氏 …………………… 122
重さ …………………………… 62,65
オルキルオト ………………… 128

カ行

ガイガーカウンター ………… 49
回転照射法 …………………… 37
外部被ばく …………………… 98
潰瘍 …………………………… 93
カエル ………………………… 82
化学エネルギー ……… 109,111,158
科学技術の発展 ……………… 157
化学結合のエネルギー ……… 64,65
化学処理 ……………………… 124
科学の研究 …………………… 157
化学変化 ……………………… 158
核 ……………………………… 84
核医学 ………………………… 110
核エネルギー ………………… 109
核種 …………………………… 124,136
拡大ブラッグピーク ………… 39
確定的影響 …………………… 83,90
核燃料サイクル ……………… 124
核燃料被覆管 ………… 133,134,135
核燃料棒 ………… 116,133,134,135,146
格納容器 ……………………… 134,135
核廃棄物 ……………………… 124
核反応 ………………………… 40,150
核分裂 ………………………… 120
核分裂性 ……………………… 111,117,118
核分裂性原子 ………………… 110
核分裂生成物 ………… 126,146,158,159
核分裂片 ……………………… 110,157,158
核融合 ………………………… 145

確率的影響 …………… 48,53,83,90
花崗岩質 ……………………… 95
火山灰堆積地 ………………… 95
可視光線 ……………………… 24
化石燃料 ……………………… 145
化石や遺跡の年代 …………… 74,75
画像 …………………………… 69
荷電粒子線 …………………… 32
神奈川県 ……………………… 99
ガラス固化体 ………………… 124,126
ガラス線量計 ………………… 50,53
カリウム ……………………… 95
カリウム-40 ………………… 96,100
火力 …………………………… 122
火力発電 ……………………… 129
軽い原子核 …………………… 152
カロリー ……………………… 81
がん …………………………… 93
簡易型全身カウンタ ………… 51
関西電力 ……………………… 134
がん細胞 ……………………… 35,40,150
肝臓 …………………………… 88
肝臓がん ……………………… 150
がん治療 ……………………… 39,150
がん治療法 …………………… 43
関東地方 ……………………… 95
がんの画像診断 ……………… 75
がんの骨転移患者 …………… 73
がんの治療 …………… 24,35,110,157
がん発生 ……………………… 83
がん病巣 ……………………… 38,39,43
ガンマ線 … 24,25,27,28,29,32,47,49,50,
　51,52,53,59,60,62,64,65,69,73,
　81,96,136,150,152,157
ガンマ線エネルギー662keV ……… 52
ガンマ線照射 ………………… 42
ガンマ線照射で滅菌 ………… 42
器官形成期 …………………… 89

索　引

奇形が発生 …………………………… 89
奇形児発生 …………………………… 89
奇形等の異常 ………………………… 89
キセノン-133 ………………………120
軌道電子 ……………………… 30,32,158
軌道電子の相互作用 ………………158
揮発性 …………………………120,129
岐阜県 ………………………………… 99
キャニスター …………………124,126
牛乳 …………………………………141
キュリー夫人 ……………………59,65
強化タイヤ ……………………………15
強度変調放射線治療 ………………38,43
魚類 …………………………………… 82
金属元素 ……………………………117
筋肉 …………………………………… 88
グアニン ……………………………… 85
クリプトン-85 ………………………120
グレイ ……………… 47,48,53,81,82,86,89
グレブス病 ……………………………72
蛍光 ……………………………… 21,22
蛍光塗料 ………………………… 13,93
蛍光物質 ………………………… 21,22
経産省資源エネルギー庁 …………128
軽水素 ………………………………106
血液の障害 …………………………… 93
血管 …………………………………… 88
結合エネルギー ……………… 30,158
結合組織 ……………………………… 88
ゲノム DNA サイズ ……………… 82,90
ゲルマニウム半導体検出器 ………… 52
研究開発コスト ……………………122
原子 ………………… 26,30,31,106,149,158
原子核 ‥24,26,27,32,39,61,62,64,65,74,
　　　　106,107,108,111,133,136,149,
　　　　152,158

原子核分裂 ‥25,27,32,105,107,108,110,
　　　　111,115,116,118,119,120,124,129,
　　　　133,134,135,146,157,158,159
原子核分裂生成物 …………………119
原子間の結合 ………………………… 32
原子の結合 …………………………… 32
原子の質量 …………………………… 26
原子の直径 …………………………… 26
原子爆弾 …110,111,117,118,123,124,158
原子番号 ………………………… 65,151
原子量 ………………………………151
原子力 ………………………………122
原子力規制委員会 …………………127
原子力発電 …… 26,110,111,115,116,117,
　　　　118,121,122,124,129,145,158,159
原子力発電所 ……115,116,119,121,123,
　　　　125,126,127,133,134
原子力発電燃料 ……………………117
原子力4大悲劇 ……………………159
原子炉 …… 40,108,110,111,116,119,120,
　　　　129,133,134,135
原子炉圧力容器 ……………… 135,146
原子炉格納容器 ……………………135
原子炉建屋 …………………… 134,135
原爆 …………………………… 123,137
原爆投下 …………………………158,159
原発 ……………………… 122,142,146
原発事故 ……………………138,142,146
原発の発電コスト …………………129
原発の発電量 ………………………129
抗悪性腫瘍剤 ………………………… 73
高エネルギーX線 ………35,37,38,39,43
高エネルギーエックス線 …………157
高エネルギーの放射線 ……………152
睾丸 …………………………… 83,87,88
航空機モニタリング ………………142
航空機旅行 …………………………… 99
鉱山労働者の肺がん ………………… 93

-163-

索引

光子 ……………………………… 24
甲状腺 …………………72,75,88,136,138
甲状腺がん ………………………138
甲状腺機能亢進症 …………… 72,75,110
甲状腺機能低下症 ………………… 72
甲状腺集積 ………………………146
甲状腺被ばく ………………… 138,146
甲状腺ホルモン …………72,136,138
鉱石 ………………………………117
高速増殖炉 ………………………123
広範囲の放射能汚染 ……………142
高レベル放射性廃棄物 …… 124,126,127,128,129
高レベル放射性廃棄物処分場 ……128
国連科学委員会 ………………… 94
個人被ばく線量計 …………… 50,53
固体廃棄物 ………………………125
骨シンチグラフィ …………… 69,75
骨髄 ……………………………… 88
骨組織の無機質 …………………153
骨転移部位 ……………………… 73
骨・軟部腫瘍 ……………………150
骨肉腫 …………………………… 93
コバルト-58 ……………………151
コバルト-59 ……………………151
コバルト-60 …………… 62,63,110,151
コリメータ ……………………… 40
昆虫類 …………………………… 82
昆布 ………………………………138

サ行

再結合修復 ……………………… 86
再処理 ……………………… 123,124
再処理工場 ………………………124
再処理後処分 ……………………129
再生エネルギー …………………145
再生不良性貧血 ………………… 93

最低線量 ………………………… 89
細胞 ……………………………… 84
細胞死 …………………………… 90
サーベイメータ ……………… 49,53
産業の発達 ………………………157
三重水素 ……………………106,145
紫外線 …………………………… 24
しきい値 ………………………… 89
次世代送電網 ……………………145
自然放射性物質 ………………… 95
自然放射線 ………………98,99,100
自然放射線被ばく ……………… 99
実効線量 ……………………… 48,53
質量 ……………………………… 62
質量数 ………………………… 61,65
質量とエネルギーとの換算 ……109
シトシン ………………………… 85
シード線源 ……………………… 41
シーベルト ……………13,48,53,87,98
脂肪 ………………………………158
脂肪組織 ………………………… 88
じゃがいも ……………………… 35
じゃがいもの発芽防止 ……… 42,43
写真乾板 ………………………… 60
写真作用 ………………………… 60
周辺の配管 ………………………127
重水素 ……………………… 106,145
周波数 …………………………… 23
修復 ………………………… 85,86,90
腫脹 ……………………………… 93
出生前死亡 ……………………… 89
シュトラスマン ………… 105,107,111
シュネーベルグ鉱山 …………… 93
準揮発性 …………………… 120,129
小眼球 …………………………… 93
焼却処理 …………………………125
照射技術 ………………………… 38

—164—

索　　引

使用済み核燃料 …115,118,119,122,123,
　　　124,126,127,129
小線源 ……………………………… 41
小線源療法 ……………………35,41,43
小腸 ………………………………… 88
小頭症 ……………………………… 93
蒸発処理 …………………………125
食品中の放射性セシウム …………… 52
食品の保存 ………………………… 15
食品放射能測定モニタ …………52,53
植物性プランクトン ………………140
食物 ……………………………95,98,100
食物中の放射性カリウム ………… 96
食物連鎖 …………………………140
ジルコニウム-90 ………………153
神経組織 …………………………… 88
人工放射線 …………………………99,100
新生児死亡 ………………………… 89
腎臓 ………………………………… 88
シンチカメラ ……………………… 69
シンチグラフィ …………………… 69
シンチレーション ………………… 52
シンチレーションサーベイメータ ·49,53
シンチレーションの方式 ………… 51
水晶体 ……………………………… 88
水素 ………………………………61,135,145
水素-1 …………………61,62,106,111,151
水素-2 …………………61,62,106,111,151
水素-3 ………………61,62,63,106,111,151
水素が発生 ………………………133
水素爆発 ………………………134,135,146
水泡 ………………………………83,93
水力 ………………………………122
水力発電 ………………………129,145
スクリーニング検査 ……………… 52
ステンレス製の容器 ………………124,126
ストロンチウム-90 ··22,120,136,146,153
スマートグリッド ………………145

制御棒 ……………116,127,133,134,135
政策コスト ………………………122
生殖腺 ……………………83,87,88,90
成長の抑制 ………………………… 73
成長抑制と延命 …………………… 75
制動エックス線 …………………51,53
生物学的な毒性 …………………137
生物学的半減期 …………………141
生物濃縮 …………………………140
赤外線 ……………………………… 24
積算沈着 …………………………142
石炭 ………………………………115,129
石油 ………………………………115,129
セシウム …………………………146
セシウム-133 …………………120
セシウム-134 … 52,53,120,136,137,143,
　　　146,153
セシウム-137 … 52,53,120,136,137,141,
　　　143,146,153
セシウムイオン …………………154
設定線量 …………………………… 50
セルロース ………………………158
線源 ………………………………… 41
全身カウンタ ……………………51,53
全身に分布 ………………………139
前立腺 ……………………………… 41
前立腺がん ………………………35,38,41,43
臓器・組織 ………………………… 88
造血組織 ………………………88,90,139,153
総発電量 …………………………121,129,145
ゾーフィゴ静注 …………………… 73
損失 ………………………………… 94

タ行

体外被ばく ………………………… 98
大気圏 ……………………………152
対向2門照射 ……………………… 37

索　引

胎児 …………………………………… 89
胎児期 ………………………………… 89
胎児の放射線被ばく ……………… 89,90
堆積有機物 ………………………144,146
大地 ……………………………… 95,100
大地ガンマ線 ………………………… 95
大地放射線 ………………………… 95,98
体内の放射性物質 …………………… 96
体内被ばく …………………………… 98
太陽光発電 …………………………145
唾液腺 ………………………………… 88
脱毛 …………………………………… 93
タービン ……………………………116
多門照射法 …………………………… 37
弾丸 …………………………………… 25
単細胞生物 …………………………… 82
単鎖切断 ………………………85,90,150
単鎖切断の修復 ……………………… 90
単純CT像 …………………………… 36
単純正面像 …………………………… 36
炭水化物 ……………………………158
炭素 …………………………………149
炭素-14 ………………… 63,74,96,100
断層撮影 ……………………………… 36
タンパク質 …………………………158
チェルノブイリ原発事故 …16,115,159
地下処分 ……………………………124
地球の年令 …………………………… 74
稚魚や小型魚 ………………………140
致死がん ……………………………… 87
致死がんの発生 ……………………… 90
地熱発電 ……………………………145
チミン ………………………………… 85
着床前期 ……………………………… 89
中型魚 ………………………………140
中間子 ………………………………152
中間貯蔵 ……………………………123

中性子 ‥61,65,74,105,106,107,108,111,
　　　　 118,120,134,149,151,152
中性子照射 …………………………150
中性子数 ……………………………136
中性子線 ……………… 25,27,28,32,40,74
中性子線発生装置 ……………… 27,40
中性子発生装置 ……………………… 25
中性子捕獲 …………………………120
中性粒子 ……………………………… 25
中皮腫 ………………………………150
中部地方の山岳地帯 ………………… 95
超ウラン元素 ………………………120
鳥類 …………………………………… 82
直接処分 ………………………124,129
低レベル放射性廃棄物 …………125,129
低レベル放射性廃棄物保管庫 ……125
低レベル放射性廃棄物埋設施設 …125
テクネチウム-99m …………………… 69
電源三法 ……………………………122
電源立地地域 ………………………122
電子 ……………………… 26,31,149,152
電子殻 ………………………………149
電子の軌道 …………………………149
電磁波 ……………………23,24,25,27,32
電子配置モデル ……………………149
電子ボルト …………………………… 64
天然ウラン …………………………117
電波 …………………………… 23,24,27
電離 …………………………26,29,31,32
電離作用 ………………………… 26,32
電離箱サーベイメータ …………49,53
電離放射線 ……………………… 27,32
電力会社 ……………………………127
電力網 ………………………………145
同位元素 …………61,65,106,107,151
同位体 …………………………61,106
等価線量 ………………………… 48,53
東京電力 ……………………………134

索　引

頭頸部がん …………………… 38,150
東電福島第一原発 ……………… 135
動物性プランクトン …………… 140
土壌 ……………………………… 146
土壌中の放射性セシウム ……… 143
トリウム-232 …………………… 97
トリチウム …………… 22,47,106,145
トロン ………………………… 13,97

ナ行

内部被ばく ……………………… 98
ナトリウム ……………………… 149
鉛-210 ……………………… 96,100
波の性質 ………………………… 24
二次宇宙線 ……………………… 152
二重鎖切断 …………………… 85,90
二重鎖切断の修復 ……………… 90
ニッケル-60 …………………… 62
日本原子力研究開発機構 ……… 122
乳児用食品 ……………………… 141
ニュートリノ …………………… 152
ニワトリ ………………………… 82
妊娠中絶 ………………………… 93
熱中性子 …………………… 40,150
ネプツニウム-237 ……………… 120
年代測定 …………………… 74,75
濃縮係数 ………………………… 140
脳腫瘍 ……………………… 38,40,150
脳内のブドウ糖量 ……………… 75
脳への ^{18}F-FDG ……………… 71
脳への FDG …………………… 75

ハ行

バイエル薬品（株）……………… 73
バイオマス発電 ………………… 145
肺がん ……………………… 93,100,150

肺がんの原因 …………………… 97
肺疾患 …………………………… 93
ハイドロキシアパタイト ……… 153
培養 ……………………………… 86
廃炉 ……………………………… 122
ハエ ……………………………… 82
莫大なエネルギー 108,129,157,158,159
爆発 ……………………… 133,135
バセドウ病 ………………… 72,75
バセドウ病患者 ………………… 72
バセドウ病の治療 ……………… 75
波長 ………………………… 23,24
発芽防止 ………………………… 35
発がん ………………… 48,53,81,87,90
発がん作用 ……………………… 81
白金シアン化バリウム ……… 21,22
バックエンドコスト ……… 122,124
バックエンド事業 ……………… 124
白血病 …………………… 83,139,153
発赤 ……………………………… 83
発電 ……………………………… 116
発電機 …………………………… 116
発電コスト ……………………… 122
発電能力 ………………………… 121
発電量 ……………………… 121,145
バーミキュライト ……………… 143
ハーン ……………………… 105,107,111
半導体電子ポケット線量計 … 50,53
ピエール・キュリー ………… 59,65
光 ………………………………… 23,27
非揮発性 …………………… 120,129
脾臓 ……………………………… 88
人 ………………………………… 82
被ばく ……………………… 81,87,89
被ばく線量 ……… 50,81,83,87,94,98
皮膚 ……………………………… 88
皮膚がん ………………………… 150
皮膚障害 ………………………… 93

索　引

ヒューマンカウンタ ……………… 51
びらん ……………………………… 83
広島型原爆 ……………………119,137
広島原爆 ……………… 123,126,129,146
貧血 …………………………… 139,153
品種改良 …………………………… 15
ピンポイントで破壊 ……………… 35
フィンランド ……………………128
風力発電 …………………………145
福島第一原発 ………………134,137,142
福島第一原発事故 …13,16,47,115,119,
　　136,139,146,159
フッ素-18 ………………………… 70
物理的半減期 ……41,63,65,73,74,96,97,
　　118,120,136,141,142,153
ブドウ糖 ………………………… 70,71
ブラジル・ガラパリ ……………… 99
ブラッグピーク …………………… 39
プランクトン ……………………140
プルトニウム ……………………118
プルトニウム-238 ……………15,118
プルトニウム-239 …107,116,117,118,
　　120,123,124,126,129
プルトニウム-239型原爆 ………118
プルトニウム-240 ………………118
プルトニウム-241 ………………118
プルトニウム-242 ………………118
フレイド・エッジ・サイト ……154
分子 ……………………………… 30,31
平衡値 ……………………………140
ベクレル ………………13,47,53,59,98
ベクレル線 ……………………… 59,60
ベクレル博士 …………………59,65,157
ベータおよびガンマ放射体 ……… 65
ベータ、ガンマ崩壊 ……………… 62
ベータ線 …22,27,28,29,32,47,49,51,53,
　　62,65,72,73,96,106,111,136,139,
　　153

ベータプラス線 ………………… 25
ベータ崩壊 ……………………… 62
ベータ放射体 …………………… 65
ベータマイナス線 ……………… 25
ペット検査 ……………………… 14
ヘリウム ………………61,106,111,149
ヘリウム-3 ……………………… 62
ヘルツ …………………………… 23
崩壊熱 …………………………133,146
放射性核種 ………………………136
放射性カリウム ………………13,96
放射性元素 …13,25,47,62,65,69,70,94,
　　95,96,98,108,111,120,141,157
放射性ストロンチウム ……………139
放射性セシウム …16,137,139,142,144,
　　146,154
放射性セシウムの新基準 ………141
放射性炭素 ……………………… 16,74
放射性同位元素 ………………… 61
放射性廃棄物 ……………127,128,129
放射性物質 …13,25,51,52,53,59,63,98,
　　100,115,116,118,119,120,129,
　　133,137,139,140,146,153,157,
　　158
放射性物質濃度 …………………140
放射性物質の濃縮 ………………140
放射性ヨウ素 …16,72,75,138,142,146
放射線 …13,16,25,26,27,28,29,31,32,35,
　　47,50,59,62,64,72,74,81,84,87,88,
　　90,93,94,95,98,99,100,106,108,
　　111,115,129,150,157,158,159
放射線科医 ……………………… 93
放射線感受性 ………………82,88,89,90
放射線強度 ……………………… 95
放射性元素 ……………………… 63
放射線障害 ………………83,90,93,100
放射線測定器 ……………49,50,51,52
放射線治療 ……………………… 14,38

索　引

放射線抵抗性 …………………… 82
放射線取扱者 …………………… 93
放射線の影響 …………………… 89
放射線のエネルギー ………… 64,65
放射線の危険度 ………………… 48
放射線の量 ……………………… 49
放射線発生源 …………………… 25
放射線被ばく …………………… 94
放射線皮膚炎 …………………… 93
放射線皮膚がん ………………… 93
放射線防護学者 ………………… 48
放射線誘発白血病 ……………… 94
放射線量の単位 …………… 47,48,53
放射線療法 ……………………… 41
放射能 · 13,25,41,59,93,96,100,136,137,157
放射能汚染 · 49,53,115,125,129,133,134
放射能汚染の状況 ……………… 49
放射能の単位 ………………… 47,53
放射能レベル ………………… 127
ホウ素 ………………… 28,40,150
ホウ素化合物 ………………… 40,150
ホウ素中性子捕捉療法 … 35,40,43,150
保管管理 ……………………… 127
発赤 …………………………… 93
哺乳動物類 ……………………… 82
骨 ………………… 88,136,139,153
骨の悪性腫瘍 ………………… 153
骨へのがんの転移 ……………… 69
ホモサピエンス ……………… 127
ポーランド ……………………… 59
ホールボディカウンタ ………… 51
ポロニウム …………………… 59,65
ポロニウム-210 …………… 96,100
ポロニウム-216 …………… 97,100
ポロニウム-218 …………… 97,100

マ行

マイトネリウム ……………… 105
マウス ………………… 82,86,89
マリー・キュリー ……………… 65
マンハッタン計画 …………… 158
娘核種 ………………………… 153
メダカ ………………………… 82
メタンハイドレート ………… 145
眼の水晶体 ……………………… 88
燃えないウラン ……………… 118
文字盤塗装工 …………………… 93
モリブデン-99 ……………… 110

ヤ行

夜光時計文字盤工場 …………… 93
夜光塗料 ………………………… 93
有効半減期 ………………… 139,141
有用な放射性元素 …………… 110
ヨアヒムスタール鉱山 ………… 93
陽子 … 27,61,65,106,107,111,149,151,152
陽子数 ………………………… 136
陽子線 ………… 27,32,35,39,43,157
揚水 …………………………… 122
揚水式発電 …………………… 122
ヨウ素-125 …………………… 41
ヨウ素-131 …… 72,110,120,136,146
ヨウ素-133 …………………… 120
ヨウ素原子 …………………… 138
ヨウ素剤 ………………… 138,146
余剰電力 ……………………… 122

ラ行

ラジウム ……………… 22,59,65,73,93

索　引

ラジウム-223 …………………………… 73
ラジウム-226 ……………………… 62,63,64
ラット …………………………………… 139
ラドン ……………………… 13,93,97,100
ラドン-220 ………………………… 97,100
ラドン-222 ……………………… 62,97,100
卵巣 …………………………………… 83,87,88
利益 ……………………………………… 94
リチウム(Li)重粒子線 ………………… 150
リチウム重粒子 ………………………… 150
リチウム粒子 …………………………… 40
立地対策コスト ……………………… 122
硫化亜鉛 ………………………………… 22
流産 ……………………………………… 93
硫酸ウラニルカリウム ………………… 60
粒子線 ………………………………… 150
粒子の性質 ……………………………… 24
両生類 …………………………………… 82
リン酸化合物 …………………………… 69
リンパ組織 ……………………………… 88
ルテニウム-106 ……………………… 120
ルビジウム-87 …………………… 96,100
冷却に失敗 …………………………… 146
冷却用の水 …………………………… 133
連鎖反応 ………………………… 110,111
レントゲン ……………………………… 60
レントゲン撮影 …………………… 14,35
レントゲン写真 ………………… 21,22,23,24
レントゲン線 …………………………… 23
レントゲン博士 ……………… 21,32,93,157
炉心 …………………………………… 134

ワ行

ワカメ ………………………………… 138
ワンススルー方式 …………………… 124

欧文

$^{10}_{5}B$ ……………………………………… 150
Bq ………………………………………… 47,59
C-14 ……………………………………… 74
$^{60}_{27}Co$ …………………………………… 62
Cs^+ …………………………………… 154
Cs-134 ……………………………… 52,142
Cs-137 ……………………………… 52,142
DNA ………………… 31,64,81,84,85,86,90
DNA一重鎖切断 ………………………… 73
DNA単鎖切断 …………………………… 86
DNA二重鎖切断 ……………………… 73,86
DNAの再結合修復 ……………………… 90
DNAの二重鎖を切断 ………………… 150
DNAの二重らせん ……………………… 84
DNAの二重ラセン型 …………………… 85
eV ……………………………………… 30,64
^{18}F-FDG ……………………… 70,71,75
^{18}F-FDGのPET画像 ………………… 70
FDGのPET画像 ………………………… 75
FES …………………………………… 154
Ge半導体検出器 ……………………… 52
GMサーベイメータ ………………… 49,53
Gy ……………………………………… 47
H.Becquerel …………………………… 47
H.R.Hertz ……………………………… 23
H-1 ……………………………… 61,62,106,111
H-2 ……………………………… 61,62,106,111
H-3 …………………………… 47,61,62,106,111
$^{3}_{1}H$ ……………………………………… 62
$^{3}_{2}He$ ……………………………………… 62
Henri Becquerel …………………… 59,60
Hz ……………………………………… 23
I-131 ………………………………… 75,142
IMRT ………………………………… 38,43
L.H.Gray ……………………………… 47

—170—

索　引

Li 重粒子線	150
Marie Curie	59
Mt	105
${}^{1}_{0}\text{n}$	150
${}^{60}_{28}\text{Ni}$	62
PET 検査	14,70
PET 装置	70,71
Po-216	97,100
Po-218	97,100
Pu-239	107
R.H.Sievert	48
Ra	73
Ra-223	73,75
${}^{226}_{88}\text{Ra}$	62
Rn	97
Rn-220	100
${}^{222}_{86}\text{Rn}$	62
Rn-222	100
Russell LB and Rusell WL	89
Sr-90	139,153
Sv	48
${}^{99m}\text{Tc}$-リン酸化合物	69,75
Th-232	97
U-234	61
U-235	61,107,117
U-238	61,107,111,117
X 線 CT	14
X 線感受性	82
X 線束	38
X 線	21
X 線写真	22
Y-90	139,153
Zr-90	153
α 線	27
α 粒子	150
β 線	27
γ 線	27

〔著者紹介〕

安東　醇（あんどう・あつし）

- 1936年　　岡山県に生まれる
- 1962年　　金沢大学薬学部卒業
- 1972年　　金沢大学医療技術短期大学部助教授
- 1978年　　金沢大学医療技術短期大学部教授
- 1995年　　金沢大学医学部教授
- 2001年　　金沢大学名誉教授
- 2006年　　日本核医学会名誉会員
- 1964年　　第1種放射線取扱主任者免許（科学技術庁）
- 1971年　　医学博士（金沢大学）
- 1979年　　薬学博士（九州大学）

専門は 放射性薬品学、医用放射線科学

中学生にもわかる放射線・放射能と原子力発電

2019年4月15日　第1版第1刷発行
2019年9月25日　第1版第2刷発行　©2019

定価　本体1200円 + 税

著　者　　安　東　　　醇
発行所　（株）通 商 産 業 研 究 社
東京都港区北青山2丁目12番4号（坂本ビル）
〒107-0061 TEL03(3401)6370 FAX03(3401)6320
ＵＲＬ　　http://www.tsken.com

（落丁・乱丁はおとりかえいたします）

ISBN978-4-86045-113-4 C3040 ¥1200E